Anton Escher · Stefan Zimmermann

Trockenräume

Entwicklungsbedingungen in Nordafrika und Vorderasien

westermann

Druck A[1] / Jahr 2009

Alle Drucke der Serie A sind im Unterricht parallel verwendbar.

Redaktion: Martin Wolf
Typografie und Herstellung: buchHermes, Hardegsen
Umschlaggestaltung: Thomas Schröder, Heike Rieper
Druck und Bindung: westermann druck GmbH, Braunschweig

ISBN 978-3-14-**151057**-1

Inhalt

Zur Einführung

Wenn sich westliche Massenmedien heute mit der Region Nordafrika und Vorderasien beschäftigen, dominieren in der Regel zwei Herangehensweisen. Auf der einen Seite stehen martialisch aufgemachte Storys, die sich mit dem schwelenden Konflikt um Palästina beschäftigen, mit dem bedrohlichen islamischen Fundamentalismus, arabischem Terrorismus und islamistischen Selbstmordattentätern. Andere Geschichten widmen sich eher den verführerisch-exotischen Dimensionen des so genannten „Orients", wie sie aus den Erzählungen aus Tausendundeiner Nacht und anderen Märchenersammlungen bekannt sind. Beide Darstellungen sind einseitig. Statt aufzuklären, lenken sie von den wahren Problemen und Potenzialen der Region ab. Ein differenzierteres Bild liefern die von den Vereinten Nationen herausgegebenen Reporte zur menschlichen Entwicklung, die unter federführender Beteiligung seriöser arabischer Wissenschaftler aus den Ländern Nordafrikas und Vorderasiens erarbeitet wurden. Die Zahlen belegen eine zunehmende Wohlstandsdifferenz und einen immer weiter fortschreitenden Entwicklungsrückstand zu den Industrieländern. Auch innerhalb der Staaten öffnet sich eine immer größere Schere zwischen Arm und Reich. Die soziale und ökonomische Situation großer Teile der Bevölkerung gilt inzwischen als dramatisch. Ein Zusammenhang mit Terrorismus und islamistischem Fundamentalismus drängt sich auf.

Der vorliegende Band behandelt Nordafrika und Vorderasien nicht als homogene Einheit, sondern arbeitet die wichtigsten Entwicklungsprobleme ausgewählter Staaten heraus. Um einen unverstellten Blick auf die Länder Nordafrikas und Vorderasiens zu ermöglichen, ist es jedoch zunächst notwendig, die traditionelle westliche Sicht auf die Region, wie sie in dem Begriff „Orient" zum Ausdruck kommt, zu hinterfragen. Anschließend werden die Grundlagen und Rahmenbedingungen für die landwirtschaftliche Nutzung dargelegt sowie typische Merkmale von Staat und Gesellschaft aufgezeigt. Daten und Zahlen zum aktuellen Entwicklungsstand und Informationen zur demographischen Entwicklung ergänzen die Darstellung. Ein weiteres Kapitel widmet sich dem Einfluss von Ethnien und Religionen auf das tägliche Leben, auf Politik, Gesellschaft und Entwicklung. Im Zusammenhang mit dem Thema Entwicklung ist insbesondere die Verfügbarkeit von Wasser für alle Staaten der Region von erheblicher Bedeutung. Dagegen spielt Erdöl als Entwicklungsfaktor für die einzelnen Länder eine ganz unterschiedliche Rolle. Aufgrund ihrer ungleichen Verteilung bergen beide Rohstoffe ein erhebliches Konfliktpotenzial, das in einem gesonderten Kapitel behandelt wird. Nicht nur über ihre Ressourcen, sondern auch über Außenhandelsstrukturen, internationale Organisation und über die Entwicklungszusammenarbeit sind die Staaten Nordafrikas und Vorderasiens auf vielfältige Weise untereinander und mit der übrigen Welt verbunden. Der Analyse dieser Verflechtungen widmet sich das letzte Kapitel des Bandes.

1 Orientalisch, arabisch oder muslimisch?

Traditionell werden Nordafrika und Vorderasien als ‚Orient' bezeichnet. Geprägt wurde dieser Begriff in der Kolonialzeit. Mittlerweile gilt er als veraltet. Heute verstehen sich die Menschen und Gesellschaften dieser Länder als Arabische und Muslimische Welt. Die Arabische Welt bezieht ihre Identität aus der arabischen Sprache und Kultur. Die Islamische Welt wird durch Nationalstaaten repräsentiert, die überwiegend von muslimischer Bevölkerung bewohnt werden. Arabische und Islamische Welt bezeichnen nicht dasselbe Gebiet, auch wenn sich beide Räume stark überschneiden.

1.1 Das Bild des „Orients"

Das theoretische Konzept des Orients hat sich im Laufe der Jahrhunderte im Zuge einer kulturellen, politischen und militärischen Auseinandersetzung zwischen Europa und der Region Nordafrika-Vorderasien entwickelt. Bis heute dient uns Europäern dieser Begriff als Projektionsfläche für Phantasien und Sehnsüchte, aber auch für Ängste vor Terror, Krieg und Gewalt.

Tausendundeine Nacht
Zusammenstellung von Erzählungen bzw. Märchen aus den Ländern des Orients. Gilt heute als Klassiker der Weltliteratur.

Das Wort „Orient" ist ein schillernder Begriff. Die Traumwelten aus Tausendundeiner Nacht kommen uns in den Sinn, wenn wir diesen Ausdruck hören, aber auch Ängste werden geweckt. Der Orient – das ist für uns Europäer vor allem das Andere, das Fremde, das Unbekannte und das Extreme. Viele wissenschaftliche Studien und die meisten journalistischen Beiträge, die sich mit den Ländern und den Menschen Nordafrikas und Vorderasiens beschäftigen, bewegen sich im Spannungsfeld solch widersprüchlicher Zuschreibungen. Auf der anderen Seite nutzt die westliche Tourismusindustrie gezielt die Vorstellung einer geheimnisvollen und fremdartigen Exotik, um die Sehnsüchte ihrer Kunden zu bedienen. Es stellt sich die Frage, wie diese gegensätzlichen Zuschreibungen entstehen konnten, die das Bild einer ganzen Region geprägt haben. Warum glauben wir, dass alles, was wir bei uns nicht finden (oder nicht haben wollen), aus dem Orient kommt – seien es nun eine vermeintliche Ursprünglichkeit und Exotik auf der einen oder Gewalt und Terror auf der anderen Seite? Um diese Frage zu beantworten, ist es notwendig, einen Blick auf die Geschichte der euro-mediterranen Welt zu werfen.

M 1: Quellentext – Urlaub im Orient
M & C Travelevents – die Reiselounge: Werbetext

Willkommen – Ahlan wa Sahlan! […] Faszination Orient – ein Reiseziel der Gegensätze. Erleben Sie den Zauber der arabischen Welt und entdecken Sie selbst den einmaligen Traum aus dem berühmten Märchen von 1001 Nacht. Bei einer Reise in den Oman lernen Sie eines der ursprünglichsten Länder der arabischen Halbinsel kennen. Bei einem Bummel über einen der zahlreichen Märkte können Sie durch die vielen verschiedenen Gewürze den Duft Arabiens einatmen.

M 2: Quellentext – Terrorismus
Angriff auf London. Die Zeit, 07.07.2005

Die britische Hauptstadt war am Donnerstag von einer Reihe verheerender Bombenanschläge erschüttert worden. […] Der britische Außenministers Jack Straw sagte, die Anschlagsserie […] trage die Handschrift des Terrornetzwerks al-Qaida. Auch Premierminister Tony Blair hatte islamistische Extremisten für die Bluttat verantwortlich gemacht.

Mit der Teilung des Römischen Reiches gegen Ende des vierten Jahrhunderts n. Chr. begannen die Menschen in Europa, die „Alte Welt" in Ost und West aufzuteilen. Schon bald kam es im Osten, dem Byzantinischen Reich, zum Kampf um die Vorherrschaft in Vorderasien mit dem Sassanidischen Reich, das im sechsten Jahrhundert n. Chr. die Region Persien kontrollierte. Letztlich schwächte diese Auseinandersetzung beide Reiche und begünstigte das Erstarken der Stämme auf der Arabischen Halbinsel und deren terri-

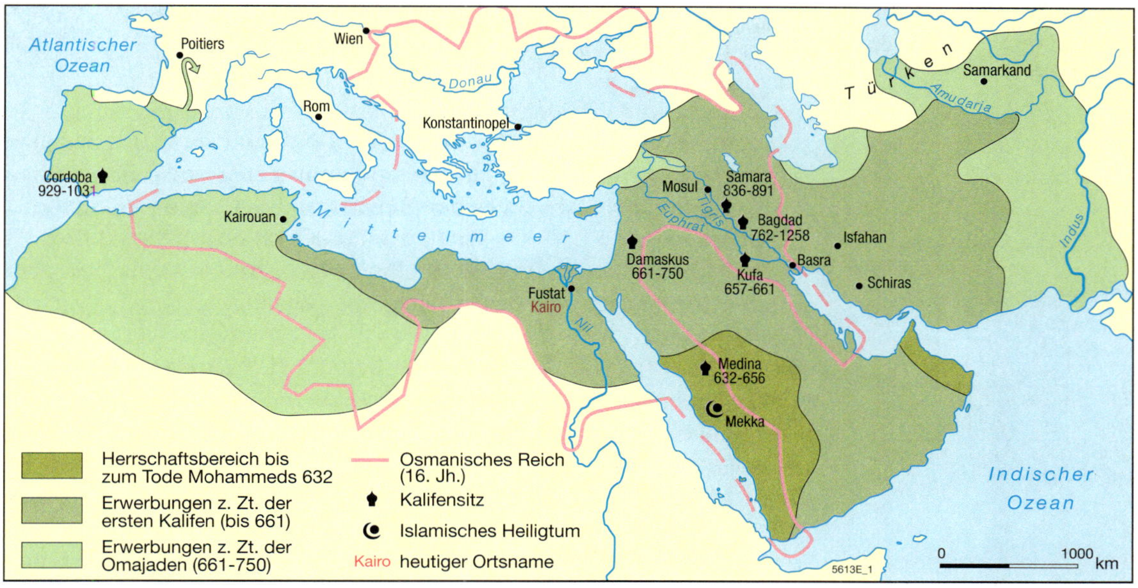

M 3: *Die Ausbreitung des Islam bis Mitte des 8. Jahrhunderts*

toriale Ausbreitung vom siebten bis zum neunten Jahrhundert, die sich bis nach Persien, Nordafrika und schließlich sogar bis ins nördliche Spanien erstreckte. Im elften Jahrhundert schickten die römischen Päpste bewaffnete Heere nach Osten, um dort die Christen zu unterstützen und um das Grab Christi in Jerusalem aus der Gewalt der „ungläubigen" Muslime zu befreien. Die Kämpfe gegen die Araber im Osten und später gegen die muslimischen Mauren in Spanien waren geprägt vom religiös-weltanschaulichen Gegensatz beider Parteien und wurden teilweise mit großer Härte ausgetragen.

Während der Westen Mitte des 15. Jahrhunderts mit der Rückeroberung Spaniens einen bedeutenden militärischen Erfolg verbuchen konnte, kam es im Osten zu einer Expansion des Osmanischen Reiches einschließlich der Eroberung von Konstantinopel – der Hauptstadt des Byzantinischen Reiches – im Jahr 1453. Trotz der blühenden Handelsgeschäfte mit dem zunehmend territorial erstarkten Osmanischen Reich, die von vielen europäischen Staaten wie etwa Venedig betrieben wurden, erwiesen sich die osmanischen Herrscher als eine fortwährende Bedrohung Europas und der Christenheit. Die Angst vor der „Türkengefahr" ging um. Erst mit der Niederlage der türkischen Heere vor Wien im Jahr 1683 war diese Bedrohung entgültig abgewendet. Es folgten die kulturelle Vereinnahmung und die politisch-militärische Eroberung des Ostens durch die aufstrebenden europäischen Nationalstaaten. Ein anschauliches Beispiel dieser Politik war das „ägyptische Abenteuer" des französischen Kaisers Napoleon I. um die Wende zum 19. Jahrhundert: Frankreich und England stritten um die Vorherrschaft in Ägypten. Die Nachrichten über die militärische Expedition entfachten in Europa schon bald eine Begeisterung für die alten Kulturen des Landes am Nil, die bis heute anhält.

Mit der französischen Besetzung Algiers begann im Jahr 1830 die koloniale Durchdringung des Orients durch die imperialen Staaten Europas. Bis zum Beginn des 20. Jahrhunderts gerieten die meisten Länder der Region unter direkten Einfluss der europäischen Mächte insbesondere Frankreichs und Englands. Nach dem Ersten Weltkrieg wurden die Gebiete des Osmanischen Reiches unter den europäischen Siegermächten aufgeteilt. Im ehe-

Mauren

Europäischer Sammelbegriff für die dunkelhäutige Bevölkerung aus Mauretanien und die islamisierten Berbervölker Nordafrikas

Türkengefahr

Bezeichnet das im 15. bis 17. Jahrhundert verbreitete Schreckensbild des Osmanischen Reiches. In Europa wurde die antitürkische Propaganda mit dem Fall der byzantinischen Hauptstadt Konstantinopel ausgelöst.

1. *Beschreiben Sie die Rolle des Osmanischen Reiches bei der Entwicklung des Konzepts „Orient“ und den damit verbundenen widersprüchlichen Zuschreibungen.*
2. *Überlegen Sie, welche Gemeinsamkeit besteht zwischen den orientalischen Märchenerzählungen, Hollywoodfilmen und Berichten über den Terror.*
3. *Inwiefern könnte es sich bei der Abgrenzung zwischen Orient und Okzident um ein politisch gewolltes Phänomen handeln?*

maligen Kerngebiet des Reiches konnte sich der an europäischen Idealen ausgerichtete moderne Staat Türkei etablieren. Im Zuge der Auseinandersetzungen wurde deutlich, wie sehr sich mittlerweile die Machtbalance zwischen Orient und Okzident zugunsten des Westens verschoben hatte: Sowohl im Ersten als auch im Zweiten Weltkrieg wurde der Orient auf Seiten der Alliierten und der Achsenmächte als Schauplatz kriegerischer Auseinandersetzungen und als Ressource für Soldaten politisch instrumentalisiert.

In der zweiten Hälfte des 20. Jahrhunderts wurden alle Länder des Orients als Nationalstaaten in die Unabhängigkeit entlassen. Ohne Rücksicht auf gewachsene Bindungen, Ethnien oder gegebene politische Versprechen entstanden neue Grenzen, deren Verlauf teilweise willkürlich an europäischen Interessen ausgerichtet war. Nicht berücksichtigt wurden in der Regel die historischen, wirtschaftlichen oder geographischen Gegebenheiten.

Die Regierungen der nunmehr unabhängigen Staaten initiierten zunächst eine eigenständige ökonomische, kulturelle und gesellschaftliche Entwicklung. Doch die Verflechtung der heimischen Ökonomien mit den Volkswirtschaften der ehemaligen Besatzerstaaten erwies sich als unüberwindbar. Nach einer kurzen Übergangsphase orientierten sich die politischen Eliten, die durchgehend im Westen ausgebildet und vielfältig mit europäischen Interessen verbunden waren, wieder an Europa und nahmen sich die staatliche und gesellschaftliche Organisation der europäischen Staaten zum Vorbild. In den vergangenen Jahrzehnten haben in allen Ländern des Orients jedoch politische Bewegungen an Bedeutung gewonnen, die gegen den Westen gerichtet sind und die sich an islamistischen Werten orientieren. Eine Ursache für diese Entwicklung ist die anhaltende Ausgrenzung des Orients durch die europäischen Staaten. Vieles deutet darauf hin, dass die Abgrenzung zwischen Okzident und Orient nicht nur ein historisch gewachsenes, sondern auch ein politisch gewolltes Phänomen ist.

M 1: *Die Ausbreitung des Osmanischen Reiches Ende des 17. Jahrhunderts*

1.2 Ein Konstrukt des Westens

Der Begriff „Orient" ist im Zuge eines historisch-kulturellen Prozesses entstanden, der noch immer andauert. Damit verbunden sind bestimmte Vorstellungen, die von europäischen Wissenschaftlern, Künstlern und Politikern gestaltet und verbreitet wurden.

Ende des 19. Jahrhunderts hatten die Geographen Europas die Welt erstmals vollständig kartographisch erfasst. Der nächste Schritt bestand darin, die Erde in klimatische Zonen und abgegrenzte Kulturräume einzuteilen. Definiert waren diese Räume als kulturelle Großregionen, in denen sich geographische Rahmenbedingungen, gesellschaftliche Strukturen und ökonomisch-politische Organisation jeweils wechselseitig bedingen. Der Region, die sich im Süden unmittelbar an Europa anschließt, gab man die Bezeichnung „Orient." Der Orient umfasst den westlichen und mittleren Teil des altweltlichen Trockengürtels und damit das kulturgeschichtliche Ursprungszentrum sowohl der neolithischen Revolution als auch einer Reihe von Hochkulturen. Er ist Teil der antiken Mittelmeerwelt, die im siebten Jahrhundert n. Chr. von den muslimischen Arabern erobert wurde und noch heute vom Islam dominiert wird. Zum Orient im engeren Sinne zählen die Staaten Nordafrikas und Vorderasiens. Nach dem Zerfall der Sowjetunion wurde die Bezeichnung auch auf die Länder Mittelasiens ausgedehnt.

Der Versuch, ein abgegrenztes Gebiet als einheitlichen Kulturraum zusammenzufassen, ist nicht unproblematisch. Häufig kommt es dabei zu pauschalen Zuschreibungen, die der komplexen Wirklichkeit der Region nicht gerecht werden. Wenn in den Medien oder in der Politik vom Ori-

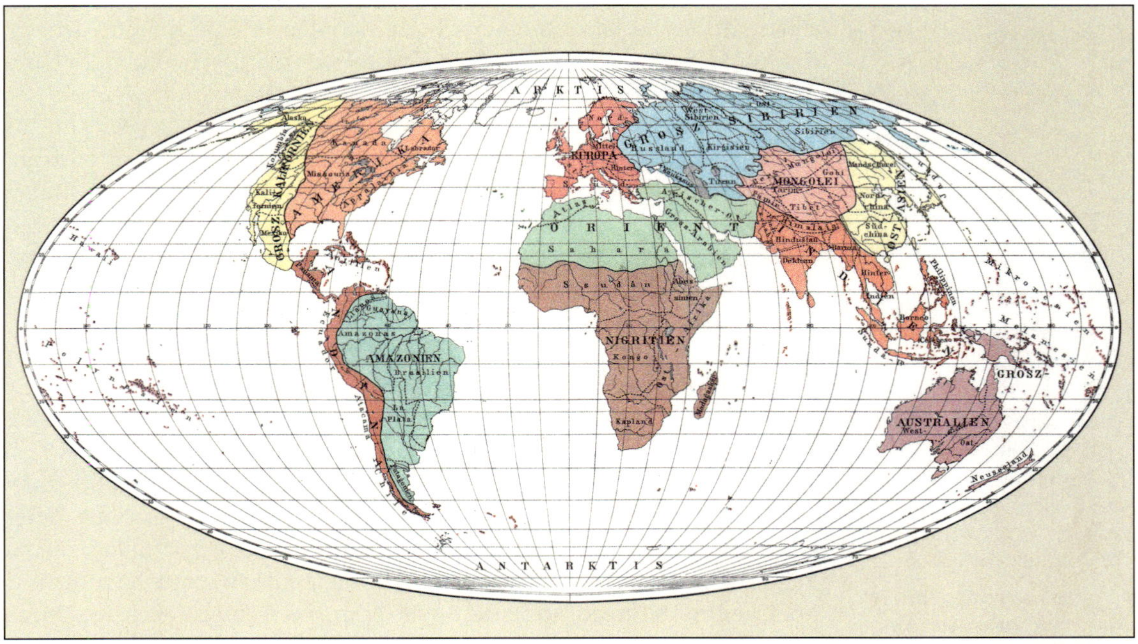

M 2: *Geographische Gliederung der Erdoberfläche, historische Darstellung (1912)*

ent die Rede ist, schwingen nicht selten unterschwellige Attribute mit wie „Stillstand" oder „Einheitlichkeit". Allzu schnell wird dabei übersehen, dass der Orient als Kategorie gar nicht per se existiert, sondern als ein westliches Konstrukt erst durch die Wissenschaft, Kunst und Kultur Europas erschaffen wurde. Dieser komplexe Prozess, der vor mehr als 500 Jahren eingesetzt hat und weiterhin fortdauert, wird als Orientalismus bezeichnet.

Orientalismus
Besagt, dass der Orient eine historisch erzeugte Konstruktion der Europäer ist, die mit Hilfe von Politik, Kunst und Wissenschaft für die Zwecke des Westens gestaltet und benutzt wurde.

M 1: *Jean-Auguste-Dominique Ingres: Das türkische Bad*

Bereits vor der kolonialen Inbesitznahme durch die europäischen Mächte wurde die Erforschung des Orients durch Archäologie, Ethnologie und Geographie vorangetrieben. Das Interesse der Forscher richtete sich auf die antiken Kulturgüter, auf Literatur und Sprachen, auf die Topographie und das Vorkommen von Bodenschätzen sowie auf Geschichte und Struktur der orientalischen Gesellschaften. Nachdem im Zuge der europäischen Eroberungen eine gewisse Reisesicherheit erreicht war, kamen mit den Wissenschaftlern die Literaten, Maler und Künstler. Sie suchten in den Ländern des Orients jenen Teil menschlicher Existenz, der in Europa durch Aufklärung und Humanismus, durch die Moral und das Primat der Rationalität tabuisiert oder verboten war.

Die ersten Vorstellungen über den Orient, die in der höfischen europäischen Gesellschaft auftauchten, stammten aus Märchenerzählungen. Der französische Diplomat Antoine Galland hatte zu Beginn des 18. Jahrhunderts im vorderen Orient die Märchen aus Tausendundeiner Nacht gesammelt und für ein europäisches Publikum aufbereitet. Davon inspiriert setzte schon bald ein unaufhörlicher Strom europäischer Erzählungen über den Orient ein. Viele packte die Neugier, selbst einmal die Orte zu besuchen, die in den Geschichten beschrieben wurden. Mitte des 19. Jahrhunderts wurde die Grand Tour, der elitäre Tourismus der Adeligen Europas, über Europa hinaus ausgedehnt und umfasste bald Teile des Osmanischen Reiches, vor allem die Städte Alexandria und Kairo. Die Begeisterung für den Orient erstreckte sich bald auf alle schönen Künste, auf Architektur und Innenausstattung. Die gehobene europäische Gesellschaft des 19. Jahrhunderts leistete sich den orientalischen Pavillon, das türkische Bad, das arabische Zimmer sowie zahlreiche Industrie- und Zweckbauten, die im orientalischen Design gestaltet wurden.

Grand Tour
Bildungs- und Erziehungsreise der jungen englischen Adeligen auf den europäischen Kontinent. Die Reisenden besuchten Monumente aus Antike, Mittelalter und Renaissance. Außerdem war es das Ziel, „Kultur und Sitten" fremder Länder kennen zu lernen.

Nach wie vor dient der Orient Europäern als Projektionsfläche für unterschiedliche, nicht selten widersprüchliche Vorstellungen: Die Spannweite reicht vom Klischee des genusssüchtigen und lüsternen Orientalen bis hin zu Gewalt und Terrorismus, die etwa im Bild des blutrünstigen Selbstmordattentäters ihren Ausdruck finden. Nicht nur Film und Fernsehen, auch die vermeintlich objektive Presse wartet mit solchen Klischees auf.

Daneben greifen die Vermarkter des Massentourismus seit Ende des 20. Jahrhunderts wieder verstärkt auf die klassischen orientalistischen Images zurück, um für ihre Zielgebiete in Nordafrika und Vorderasien zu werben. Doch die Menschen und Staaten in der Region haben sich verändert. Den Orient, so wie er noch vor wenigen Jahrzehnten beschrieben wurde, gibt es nicht mehr – wenn er überhaupt jemals in dieser Form existiert hat. Es zeigt sich, dass territoriale Eingrenzungen, die zu Beginn des vergangenen Jahrhunderts vorgenommen wurden, heute nur noch bedingt sinnvoll sind. Aus diesen Gründen sollte die einseitig durch Europa vorgegebene Bezeichnung Orient durch zeitgemäßere Begriffe wie Arabische Welt oder Islamische Welt ersetzt werden.

1. *Welche Gründe bewegten europäische Denker, Nordafrika und Vorderasien als den einheitlichen Kulturraum „Orient" zu beschreiben?*
2. *Recherchieren Sie (z. B. im Internet), welche westlichen Literaten und europäischen Künstler den Orient bereisten und welche Vorstellungen von der Region sie nach Europa mitbrachten.*
3. *Worin bestand das Interesse der europäischen Staaten, die Länder des Orients zu kolonisieren?*

1.3 Die Arabische Welt

Die Bezeichnung „Arabische Welt“ ist ein geopolitischer Begriff. Die Bewohner dieser Region teilen gemeinsame Normen, Praktiken und Werte. Vor allem aber sind sie durch die arabische Sprache miteinander verbunden. Heute entsteht in diesem Sprachraum eine moderne arabische Kultur.

Im Laufe des 20. Jahrhunderts sind auf dem ehemaligen Gebiet des Osmanischen Reiches und der europäischen Kolonien eine Reihe von Staaten entstanden, deren Bevölkerungen zunehmend eigenständige nationale Identitäten entwickelt haben. Die Einheimischen selbst unterscheiden zudem zwei Großräume – den Westen, genannt „Maghreb“, und den Osten „Mashrek“. Darüber hinaus gibt es eine gemeinsame arabische Identität, die von Marokkanern über Syrer bis hin zu Jemeniten geteilt wird. Auch in der Außendarstellung wird zunehmend mit dem Begriff einer Arabischen Welt als Einheit operiert und argumentiert. In territorialer Hinsicht handelt es sich dabei lediglich um einen Ausschnitt des Orients, zu dem außerdem noch die turksprachigen Länder von der Türkei bis Mittelasien und der Iran gezählt werden.

Das gemeinsame Band zwischen den Menschen, Staaten und Kulturen der Arabischen Welt ist die arabische Sprache. Mehr als 250 Millionen Menschen sprechen in ihrem Alltag arabisch. In 23 Staaten, von Marokko im Westen bis Kuwait im Osten und Oman im Süden, ist Arabisch Amtssprache. Die Schriftsprache, auch „das vollendete Arabisch“ genannt, ist die Sprache des Korans, der überlieferten Sprüche des Propheten Mohammed (Hadith) und der klassischen Literatur. Die darin verwendeten Formulierungen, die blumigen Ausdrücke und die korrekte Aussprache sind keineswegs beliebig, sondern werden nach unveränderlichen Regeln seit Jahrhunderten festgelegt.

Je nach Herkunft benutzen die Angehörigen der Arabischen Welt zum Teil sehr unterschiedliche Dialekte. In den meisten Ländern hat sich inzwischen jedoch das moderne Standardarabisch etabliert, das es den Einwohnern unterschiedlicher Regionen ermöglicht, sich problemlos miteinander zu verständigen. Standardarabisch ist die Sprache der Presse und des Internets; man hört es in Fernsehserien und Spielfilmen, in Radio- und Fernsehnachrichten, bei offiziellen Reden und den wöchentlichen Predigten. Trotzdem herrscht in der Arabischen Welt keineswegs sprachliche Homogenität. In Nordafrika etwa werden mehrere Berber-Dialekte gesprochen; in Israel ist Hebräisch Staatssprache. Koptisch, die Sprache der christlichen Minderheit Ägyptens, wird heute fast nur noch im Gottesdienst benutzt.

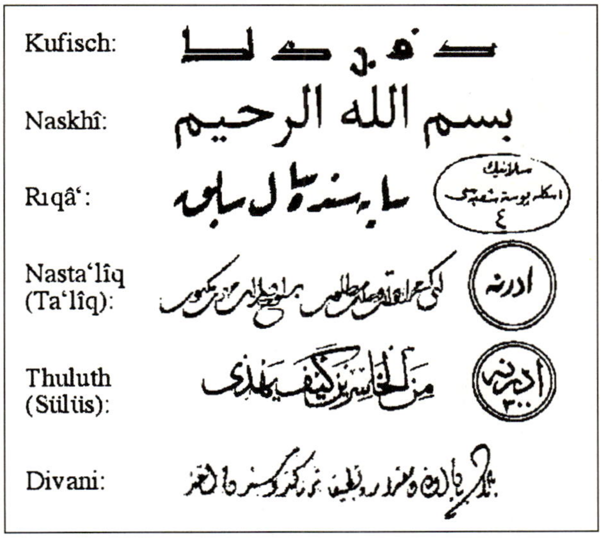

M 2: *Arabische Schrifttypen*

1. *Vergleichen Sie (z. B. mithilfe des Internets) Nachrichten des arabischen Senders Al Jazeera und des US-amerikanischen Senders CNN. Beschreiben Sie Unterschiede und Gemeinsamkeiten.*
2. *Beschreiben Sie Einflüsse arabischer Kultur und arabischer Wissenschaft auf die westliche Zivilisation, die Ihnen bekannt sind.*
3. *Welche Faktoren begünstigen Ihrer Meinung nach die Entstehung einer populären arabischen Kultur? Welche Faktoren könnten sich hinderlich auswirken?*

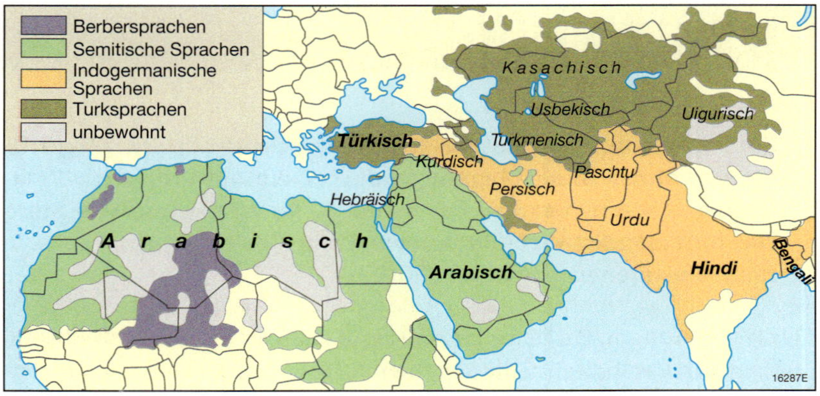

M 1: *Regionale Verteilung der Sprachgemeinschaften des Orients*

Seit der Unabhängigkeit der arabischen Staaten beginnt sich in der Arabischen Welt eine staatenübergreifende materielle und intellektuelle Kultur zu entwickeln. Dieser Prozess hat sich im letzten Drittel des 20. Jahrhunderts beschleunigt. Materielle Kulturgüter und kulturelle Praktiken werden über Grenzen hinweg ausgetauscht. Auf diese Weise entsteht Schritt für Schritt eine arabische Populärkultur. Beispielsweise findet man traditionelle marokkanische Handwerksprodukte wie Mosaikfliesen in Moscheen und Wohnhäusern in der gesamten Arabischen Welt. Die musikalische Popkultur des Maghreb bedient sich syrischer Texte und libanesischer Rhythmen. In vielen Ländern hat sich zudem eine eigenständige arabische Filmwirtschaft entwickelt. In Ägypten, Syrien, Tunesien oder Marokko werden nicht nur abendfüllende Spielfilme, sondern auch wöchentliche Serien und tägliche Seifenopern produziert, die im gesamten arabischen Sprachraum verbreitet und konsumiert werden. Auf politischer Ebene sind zahlreiche Organisationen wie die Arabische Liga und ihre Unterorganisationen entstanden, die heute die Arabische Welt nach außen repräsentieren.

M 2: Quellentext – Arabische Welt

Popp, H. : Die Arabische Welt – was ist das eigentlich? Aus: Die arabische Welt im Spiegel der Kulturgeographie 2004

Al Jazeera

Zu deutsch „Die Insel". Arabischer Nachrichtensender mit Sitz in Doha, Katar. Wurde 1996 von Hamad bin Chalifa Al Thani gegründet.

Der Leitbegriff „Arabische Welt" wird häufig verwendet, insbesondere in der Politik und den Medien, neuerdings auch in der Wissenschaft. Es gibt z.B. ein „Lexikon Arabische Welt" oder einen Sammelband „Geschichte der arabischen Welt". In Frankreich existieren Forschungszentren, die sich der „Monde Arabe" zuwenden. Mit dem Attribut Welt wird offenbar vermieden, eine eindeutige Raumabgrenzung zu leisten. […]

Der Begriff der „Arabischen Welt" ist dagegen vor allem als politischer Begriff in den vergangenen Jahrzehnten nicht nur gängig geworden als Bezeichnung, mit der sowohl eine nach innen gerichtete gemeinsame Identität als auch eine von außen kommende einheitliche Wahrnehmung gekennzeichnet werden soll. Es gibt viele Akteure, die an diesen Begriff glauben und ihn verwenden, selbst wenn sie dies unreflektiert tun. Deshalb ist der Begriff geopolitisch höchst aussagefähig und zudem sehr sensibel, wenn in den Medien versucht wird, ihn pauschal mit negativen Konnotationen fast schon zum ausgrenzenden Kampfbegriff zu machen.

Die Begrifflichkeit „Arabische Welt" eignet sich hervorragend, eben solche Versuche zu enttarnen und als klischeehaft zu erkennen. Reflexives Nachdenken über den Raumbegriff „Arabische Welt" ermöglicht es uns, diese Großregion, die ja der Nachbar Europas ist, fairer und angemessener zu sehen, als es derzeit die Regel ist.

1.4 Die Islamische Welt

Der Kernbereich der Islamischen Welt wird durch Nationalstaaten repräsentiert, die überwiegend von einer muslimischen Bevölkerung bewohnt werden. Die Religion des Islam ist jedoch nicht homogen, sondern zerfällt in mehrere Fraktionen.

Der Islam ist in seiner Bedeutung für den Menschen allumfassend. Die islamische Ordnung setzt Maßstäbe für ein ideales Verhalten und bietet den Gläubigen Antworten auf alle wichtigen Lebensfragen. Die Religionsausübung wird damit gleichzeitig zum Lebensstil, der alle Bereiche des Alltags prägt. Seit dem neunten Jahrhundert werden die Länder Nordafrikas und Vorderasiens in den muslimischen Gesellschaften als „Haus des Islam“ (Dar al-Islam) bezeichnet. Die meisten Muslime definieren das Haus des Islam als ein Gebiet, in dem die Anhänger des Propheten die politische Kontrolle haben oder zumindest ihre Religion in Frieden und Sicherheit ausüben können. Man kann darunter auch eine Region verstehen, in der Muslime die Bevölkerungsmehrheit stellen und gewissermaßen die kulturelle Hoheit innehaben. Allerdings repräsentieren die Länder des Orients territorial gesehen nur einen Teil der Islamischen Welt, die sich ihrerseits weit nach Ostasien erstreckt.

Die wichtigste Glaubensgemeinschaft innerhalb des Islam sind die Sunniten, die sich in vier Rechtsschulen untergliedern. Die Schiiten, die zweite große Fraktion des Islam, stellen vor allem in Iran und Irak große Bevölkerungsanteile. Bedeutende schiitische Minderheiten gibt es außerdem in mehreren anderen Staaten wie dem Jemen oder Syrien. Insgesamt stellen die Schiiten ungefähr ein Siebtel aller Muslime und zerfallen ihrerseits in zahlreiche kleinere Untergruppen. Eine Sonderform des Islam bildet die große mystische Strömung des Sufismus, der von seinen Anhänger fordert, „als Ziel in Gott aufzugehen“. Daneben existieren heute in allen muslimischen Ländern verschiedene Strömungen des Islamismus, die sich meist als Erneuerungsbewegungen verstehen und sich auf die klassischen Fundamente der Religion berufen.

Sufismus
Bezeichnung der islamischen Mystik, deren Anhänger auf spirituellen und esoterischen Wegen die Nähe zu Gott suchen

Islamismus
Bezeichnet zahlreiche (insbesondere politische) Bewegungen, welche die ganzheitliche, umfassende Bedeutung des Islam für alle Formen menschlicher Existenz betonen und aktiv dafür streiten.

Politisch hat die Islamische Welt in den letzten hundert Jahren einen großen Wandel erfahren. So bildeten in der Vergangenheit vor allem Großreiche wie die Kalifenreiche der Abbassiden und Omajaden oder das Osmanische Reich die gängige Form staatlicher Organisation. Prägendes Element war nicht die Volkszugehörigkeit, sondern der muslimische Glaube. Im 20. Jahrhundert hat die islamische Öffentlichkeit dagegen durchgehend die Territorialität der Nationalstaaten befürwortet. Der Nationalismus ist heute die dominante Weltsicht in den muslimischen Gemeinschaften; der Nationalstaat gilt als adäquate Form staatlicher Organisation.

Das islamisch geprägte Leben findet auch in politischen Organisationen wie der „Liga der Islamischen Welt“ und in ökonomischen Institutionen wie der „Islamischen Entwicklungsbank“ seinen Ausdruck. Zunehmend entstehen islamische Kreditinstitute, die nach den Regeln des Korans arbeiten. In jüngster Zeit entwickelt sich zudem ein islamischer Tourismus, der versucht, Reiseziele und -formen anzubieten, die den Vor-

M 1: *Die Islamische Welt Ende 20. Jahrhunderts*

gaben des Islam gerecht werden. Auch auf anderen Gebieten wie der gesellschaftlichen Organisation, der strukturellen Gestaltung und der Ästhetik hat die islamische Zivilisation eigene Ausdrucksformen entwickelt. Heute spricht man von islamischer Kunst, von islamischer Architektur und islamischer Stadtplanung. Ein Großteil dieser Kultur hat mit dem islamischen Glauben als solchem nur noch wenig zu tun. Zwar bestimmen islamische Termini und Symbole den Alltag der Menschen in Wort, Schrift und Bild, in traditionellen wie in modernen Medien. Diese Ausdrucksmittel sollten jedoch vor allem als äußere Form verstanden werden, deren Kern aus europäischer Sicht nicht zwangsläufig religiös sein muss. Der kulturelle Diskurs, der sich dieser Symbole und Termini bedient, ist auch nicht mehr an die territorialen Grenzen der islamischen Welt gebunden, sondern findet mittlerweile unabhängig von festen Orten statt. Die Islamische Welt ist heute als Weltkultur aufzufassen; man kann sie zu Beginn des 21. Jahrhunderts auch in der Bundesrepublik Deutschland antreffen.

Diskurs

Bezeichnet im engeren Sinn einen thematischen Zusammenhang, der aus einer Vielzahl von Gesprächen, Texten und Medien besteht. Im weiteren Sinn sind damit Dimensionen des Kommunizierens über ein Thema gemeint.

Fazit Kapitel 1

Der „Orient“ ist kein vorgegebener Natur- und Kulturraum, sondern eine historisch gewachsene Bezeichnung für einen abgegrenzten geographischen Raum, die mit bestimmten, teils widersprüchlichen Zuschreibungen einhergeht. In stetiger – teils fruchtbarer, teils zerstörerischer – Auseinandersetzung zwischen Westen und Osten ist die heutige Zweiteilung von Orient auf der einen und Okzident der anderen Seite entstanden. Bei der Beschäftigung mit den Menschen und Staaten Nordafrikas und Vorderasiens sollten wir eher Begriffe benutzen wie „Arabische Welt“ oder „Islamische Welt“. Die Arabische Welt umfasst Staaten und Menschen, die sich in erster Linie durch die arabische Sprache und die arabische Kultur definieren. Der Begriff Islamische Welt bezeichnet Staaten, deren Bewohner mehrheitlich Muslime sind.

1. *Recherchieren Sie (z. B. mithilfe des Internets), wo man in Deutschland Hinweise auf die islamische Kultur findet.*
2. *Vergleichen Sie die Begriffe „Islamische Welt“ und „Arabische Welt“.*

2 Naturräumliche Grundlagen

Der größte Teil des altweltlichen Trockengürtels besteht aus Wüsten und Halbwüsten. Daneben gibt es klimatische Gunsträume, in denen Regenfeldbau betrieben werden kann. Aber auch die Trockengebiete lassen sich landwirtschaftlich nutzen. In den Oasen wird mit Hilfe von Bewässerungstechniken Ackerbau betrieben. Nomaden durchstreifen mit ihren Herden die unwirtlichen Gebiete. Mittlerweile ist die Einflussnahme durch den Menschen immer intensiver geworden und verursacht teilweise schwerwiegende und bleibende Schäden.

2.1 Landschaftstypen

Der altweltliche Trockengürtel umfasst ein Gebiet, das sich vom Atlantik bis weit in das Binnenland Vorderasiens erstreckt. Trotz der großen räumlichen Ausdehnung weist die Oberflächengestalt der Region einige grundlegende Gemeinsamkeiten auf.

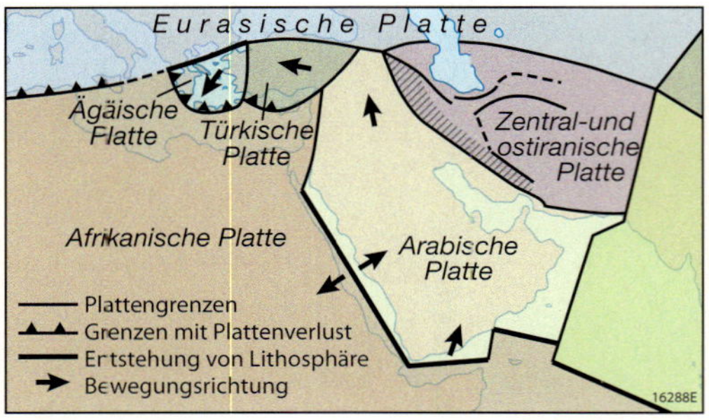

M 1: *Die Verläufe der Plattengrenzen in Vorderasien*

Relief
Oberflächenformen der Erde

Tafelland
Flachland oder Hochland aus waagerecht geschichteten Gesteinsschichten

Präkambrium
Sammelbegriff für alle Erdzeitalter, die älter sind als das Kambrium, das vor über 570 Mio. Jahren begann

Nordafrika und Vorderasien werden im Wesentlichen in zwei große Reliefeinheiten unterteilt: die küstennahen alpidischen Kettengebirgssysteme und die Tafelländer im Binnenland. Die Auffaltung der erdgeschichtlich jungen alpidischen Gebirge setzte in der Kreidezeit ein, verursacht durch die Drift der afrikanischen Platte nach Norden. Sichtbares Zeugnis dieser geologischen Aktivitäten ist der Vulkanismus im Bereich der Plattengrenzen. Das Ahaggar- oder Hoggar-Gebirge in der Zentralsahara ist ein Beispiel für vulkanischen Ursprung. Erdgeschichtlich weitaus älter als die Randgebirge sind die afrikanisch-arabischen Tafelländer. Sie beruhen auf uralten Grundgebirgssockeln, die aus dem Präkambrium stammen. An der Ostküste des Persischen Golfs sowie an der Nordküste des Golfes von Oman trennt ein Meereseinbruch die beiden Großeinheiten des Reliefs. Die Kettengebirge prägen die Region östlich des Meereseinbruchs, die Tafelländer die Region im Westen. Das Landschaftsbild der arabischen Halbinsel und des östlichen Teils Nordafrikas weicht von dieser zweigeteilten Struktur ab. Hier bestimmt das ausgedehnte, ebene Tafelland mit seinen steilen Stufenrändern das Relief. Die typischen Randgebirge fehlen. Ebenfalls wichtig für die Oberflächenstruktur der Region ist das Rote Meer, das sich vor etwa 38 Mio. Jahren entlang der Grenze der afrikanischen und der arabischen Platte öffnete. Aufgrund der Reliefstruktur haben sich die drei grundlegenden Landschaftstypen des altweltlichen Trockengürtels herausgebildet: Die Küstenebenen, die Gebirgsregionen und die Wüsten.

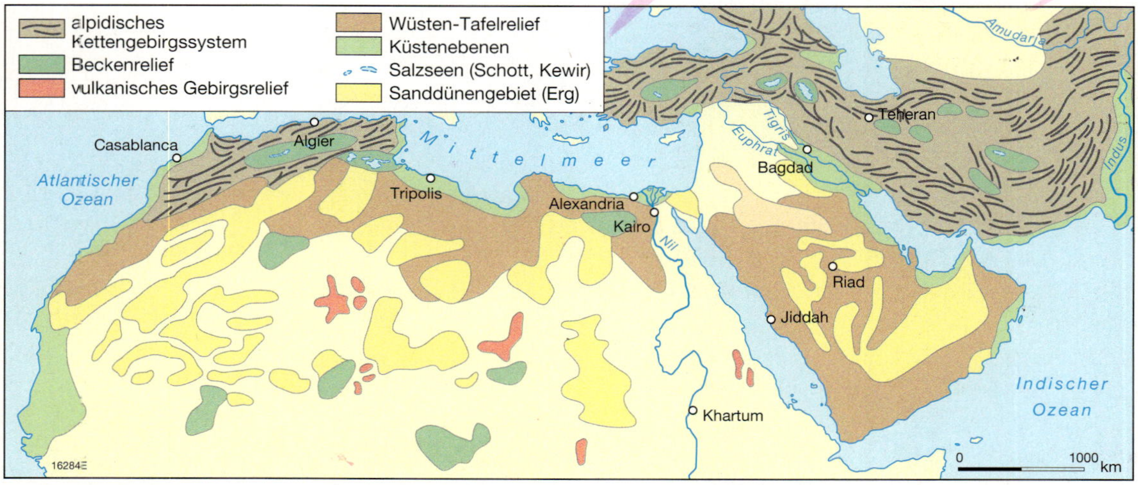

M 2: *Die Reliefstruktur Nordafrikas und Vorderasiens*

2.1.1 Küstenebenen und Gebirge

Landschaftsformen und Klima stehen in enger Wechselwirkung zueinander. Insbesondere der Verlauf der Gebirge hat Einfluss auf die Verteilung der Niederschläge.

M 3: *Das Schott el Dscherid in Tunesien*

Die prägenden landschaftlichen Großformen Nordafrikas und Vorderasiens sind die Küstensäume und die angrenzenden Gebirge. Zwischen Randgebirge und Meer liegen die Küstenebenen, die jeweils unterschiedliche Oberflächenformen und verschiedene klimatische Verhältnisse aufweisen. Die Küstenebenen werden auf der Seeseite vom Mittelmeer (im Westen Marokkos vom Atlantik) begrenzt. Vom Binnenland sind sie durch Hochgebirge getrennt, in Nordafrika beispielsweise durch das Atlasgebirge. Die Breite der Küstenebenen variiert stark. So erstreckt sich in Marokko eine weite Fläche entlang der Küstenlinie, wohingegen in Algerien nur ein schmaler Streifen vorhanden ist. Im Winter gerät der Mittelmeerraum in den Einflussbereich der Westwinde, die für Niederschläge sorgen. Sofern die Küstenebenen von einem Gebirge begrenzt sind, stellen sie daher einen Gunstraum für die Landwirtschaft dar: Die Stauwirkung der Gebirge führt dazu, dass sich die Wolken über den Küstenebenen abregnen. Deshalb kann in diesen Regionen Regenfeldbau betrieben werden.

In Libyen und Ägypten fehlen die Randgebirge. Demzufolge weisen die Küstenebenen hier eine andere Struktur auf. Die Wüste reicht bis in die Küstensäume hinein. Die Aridität macht dieses Gebiet, im Gegensatz zu den Küstenebenen, die von Randgebirgen begrenzt sind, zu einem agrarischen Ungunstraum. Auch auf der arabischen Halbinsel und in der Türkei existieren Küstenebenen zwischen Mittelmeer und Randgebirge, wenn auch weniger ausgeprägt als in Nordwestafrika. Alle durch Randgebirge begrenzten Küstenebenen werden zum mediterranen Klimaraum gezählt. Ein typisches Merkmal dieses Raumes ist die Verbreitung des Ölbaums

1. *Erläutern Sie anhand von M 1 und M 2, S. 18, die Bedeutung der Gebirge des altweltlichen Trockengürtels für Klima und Niederschlagsverteilung.*
2. *Erläutern Sie die klimatische Gunst der Küstenebenen der Türkei. Nehmen Sie auch den Atlas zur Hilfe.*
3. *Welcher Zusammenhang besteht zwischen der Verbreitung des Ölbaums (M 3, S. 18) und dem Klima der Küstenebene?*

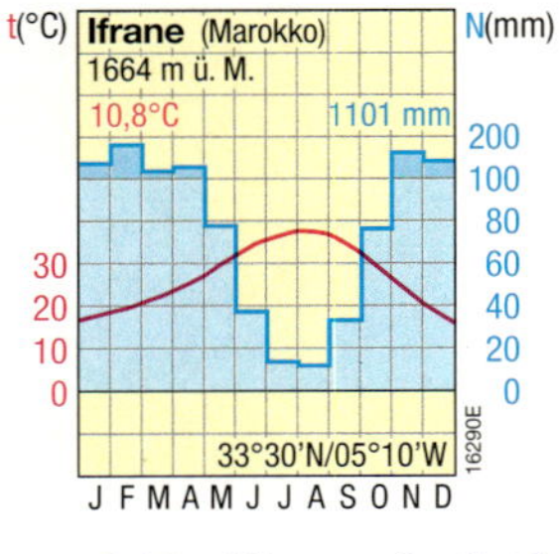

M 1: *Gebirgsklima an der Nordseite des Atlas (Ifrane, Marokko)*

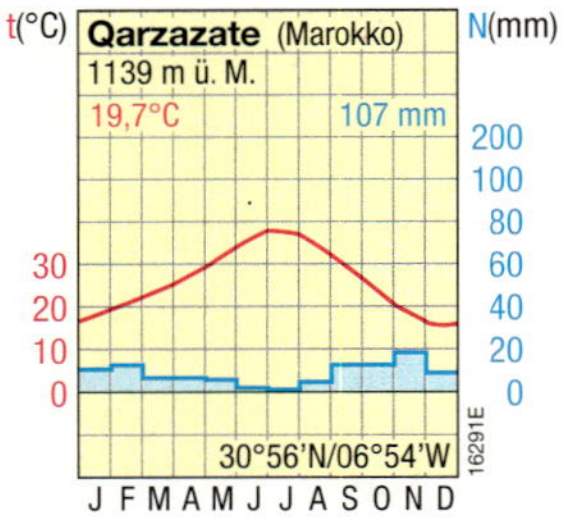

M 2: *Gebirgsklima an der Südseite des Atlas (Qarzazate, Marokko)*

Amplitude
Differenz zwischen Maximum und Minimum

Schirokko
Staubbeladener Südwind im Mittelmeergebiet, der von der Sahara kommend heiße Luft aus den Tropen nach Norden transportiert

Große Teile der Region Vorderasien lassen sich als Gebirgsraum beschreiben. Dazu zählen bestimmte Gebiete der Türkei, des Iran, Afghanistans, der Levante (vgl. S. 38), des Jemen und des Oman. Als Flachlandraum gelten hingegen die großen Ebenen Nordafrikas, Arabiens, des fruchtbaren Halbmonds und des inneren Anatoliens sowie des persisch-afghanischen Hochlands. Die Randgebirge Nordafrikas und Vorderasiens teilen den altweltlichen Trockengürtel in den humiden mediterranen Bereich und die ariden, subtropischen Halbwüsten und Wüsten des Binnenlandes. Die alpidischen Randgebirge sind dabei mitverantwortlich für die Niederschlagsverteilung und die daran angepassten Formen der Flächennutzung. Deutlich wird dies insbesondere im Nordwesten Afrikas, der von der Gebirgskette des Atlas geprägt ist, die in Marokko Höhen von über 4 000 m über NN erreicht.

Der Atlas stellt in zweierlei Hinsicht eine Trennlinie dar. Zum einen bildet er eine tektonische Plattengrenze. Hier treffen die nach Norden wandernde afrikanische Platte und die nach Süden driftende Eurasische Platte aufeinander. Zudem trennt der Atlas zwei sehr unterschiedliche klimatische Räume: Der Norden ist deutlich maritim beeinflusst. Der Temperaturgang weist hier eine vergleichsweise geringe Amplitude auf. Die Niederschlagsmenge ist deutlich höher als im Süden. Verantwortlich dafür sind kalte und feuchte Luftmassen, die vom Norden herandringen. An den südlichen Hängen des Gebirges herrscht dagegen ein völlig anderes Klima. Die Temperatur unterliegt starken, tageszeitlich bedingten Schwankungen, die typisch für das kontinentale Wüstenklima sind. Die Niederschlagsmengen sind gering. Beeinflusst wird das Gebiet von den sehr heißen und trockenen, aus der Sahara kommenden Winden des Schirokko.

Während der Zeit des Schirokko steigen die Tagestemperaturen auf 40° bis 45° C. Die nächtlichen Temperaturen liegen bei über 30° C. Über der Wüste wirbelt der Schirokko große Mengen Sand auf, so dass zusätzlich zu der extremen Hitze und Trockenheit auch noch Sandstürme auftreten können. In den verschiedenen Ländern rund um das Mittelmeer hat man dem Schirokko unterschiedliche regionale Bezeichnungen gegeben. In Ägypten heißt er „Chamsin“, in Tunesien „Chili“ und in Marokko und Algerien „Chergui“ oder „Schergi“.

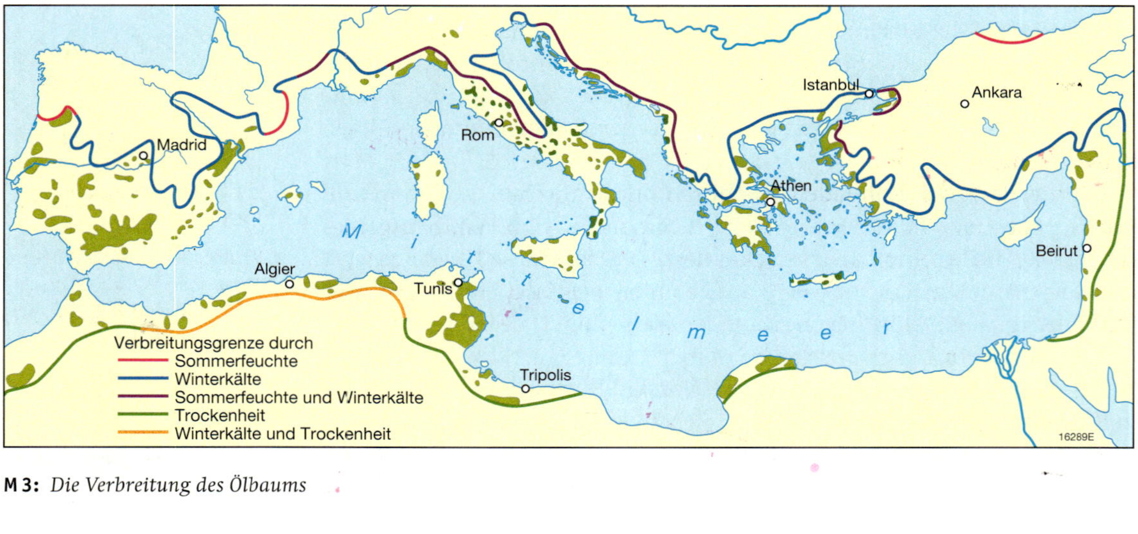

M 3: *Die Verbreitung des Ölbaums*

2.1.2 Wüsten und Oasen

Geprägt von Trockenheit und Vegetationsarmut sind die Wüsten ein agrarisch schwer zu bewirtschaftender Raum. Das populäre Bild einer unendlichen Sandlandschaft mit unerträglich hohen Temperaturen ist jedoch nur eines von vielen Gesichtern der Wüste.

Wüsten nehmen den Großteil der Fläche des altweltlichen Trockengürtels ein. Dabei handelt es sich jedoch nur zu etwa einem Fünftel um Sandwüsten. Prinzipiell unterscheidet man drei verschiedene Typen von Wüsten: die Hamada oder Fels- und Steinwüste, die Serir oder Kieswüste sowie die bekannteste Form, die Erg oder Sandwüste. Der größte Teil aller Wüsten weltweit besteht aus Fels- und Steinwüste, den kleinsten Anteil stellt die Kieswüste. Die arabische Halbinsel ist nahezu komplett von Wüste bedeckt. Die größte Wüste der Erde befindet sich jedoch in Nordafrika – die Sahara, mit einer West-Ost-Ausdehnung von rund 6 000 km und einer Nord-Süd-Erstreckung von etwa 2 000 km. Der Großteil der Sahara besteht aus Geröll- und Kieswüste. Begrenzt wird die Sahara im Westen vom Atlantischen Ozean und im Osten vom Roten Meer. Im Norden bilden das westlich gelegene Atlasgebirge und das Mittelmeer die Grenzen, im Süden die Sahelzone beziehungsweise der Sudan – teilweise in Form eines fließenden Übergangs.

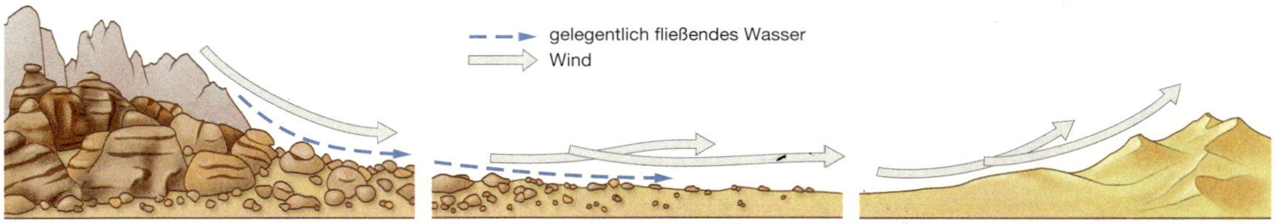

M 4: *Unterschiedliche Wüstenformen*

Verantwortlich für das äußere Erscheinungsbild der Wüste ist in erster Linie die Reliefstruktur. Im Falle der Sahara wird sie durch Schichtstufen bestimmt, die auf ein ehemals humides Klima verweisen. In Nordafrika basiert das Wüstenrelief teilweise auf Tafel- und Schollenstrukturen. Auf den schwach geneigten Landterrassen erzeugen die Schichtstufen dabei häufig den Eindruck ausgedehnter Ebenen. Eine Sonderform stellt wegen seiner flexiblen Oberflächenstruktur das Dünenrelief dar. Kleinere Dünenformationen können bei gleichbleibender Form als Ganzes wandern und dabei auch in andere Reliefformen eindringen. In den vollariden Wüstengebieten kommt es nicht zu bodenbildenden Prozessen. Man findet hier lediglich Rohböden, die durch physikalische und chemische Verwitterung entstehen. Nachdem das Feinmaterial vom Wind ausgeblasen wurde, bleibt lediglich das nackte Gestein übrig. Diese Vorgänge sind verantwortlich für das Entstehen der unterschiedlichen Wüstentypen. Jährlich breitet sich die Sahara um bis zu 600 m nach Süden aus. Dünen vernichten die landwirtschaftlichen Nutzflächen und lassen Oasen und Wasserstellen versanden. Die Desertifikation nimmt immer größere Ausmaße an und scheint kaum aufzuhalten sein.

Einen Sonderfall stellen die Oasen dar. Je nach Erscheinungsbild unterscheidet man zwei Varianten: Die Strom- und Flussoasen sowie die Quell-

1. *Erläutern Sie die Gründe für die Entstehung der Sahara. Ist die Bezeichnung Sandwüste für die Sahara geeignet und woher stammt diese Assoziation?*
2. *Beschreiben Sie anhand der Karte 1 auf S. 134 im Diercke Weltatlas 2008 die Oase Ouargla in Algerien.*
3. *Erläutern Sie mithilfe von Karte M 1, S. 20, die Zusammenhänge zwischen Klima, Flächennutzung und Desertifikation.*

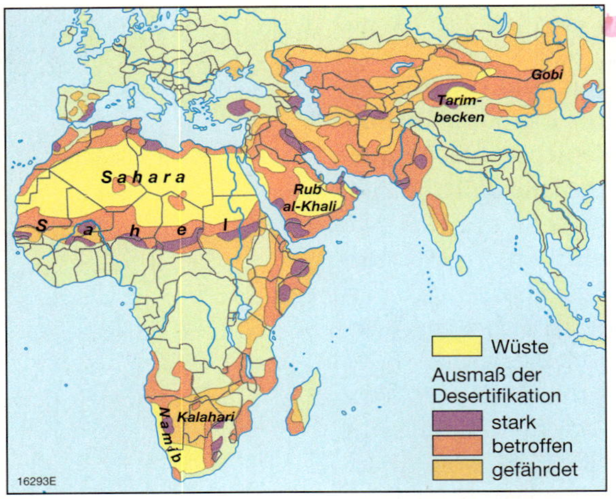

M 1: *Von Desertifikation betroffenen Gebiete*

Desertifikation
Ausbreitung von Wüste oder wüstenähnlichen Bedingungen in semiariden oder ariden Gebieten durch menschliches Wirken

Fremdlingsfluss
Fluss, der ein Trockengebiet durchfließt und nur Wasser führt, weil er in einem niederschlagsreichen Gebiet große Wassermengen aufgenommen hat

Subsistenz
→ Selbstversorgung

M 2: *Die Flussoase des Nils (Satellitenaufnahme)*

oder Grundwasseroasen. Für alle Oasen, gleich welchen Typs, stellt sich die Frage nach der Herkunft des Wassers, das zur Bewässerung genutzt wird. Grundsätzlich unterscheidet man rezentes und fossiles Wasser. Oasen sind fruchtbare Inseln in einem sonst durch Aridität und geringe Besiedlungsdichte geprägten Umland. Sie entstehen überall dort, wo sich Oberflächen- oder Niederschlagswasser sammelt, Grundwasser an die Oberfläche tritt oder in geringer Tiefe gefunden werden kann. Die Bewässerung bildet die Grundlage für das Leben in der Wüste, sie ermöglicht den Anbau von Kulturpflanzen, die als agrarische und ökonomische Lebensgrundlage der Bewohner der Oasen dienen.

In Flussoasen wird das Wasser eines Fremdlingsflusses zur Bewässerung der Kulturpflanzen genutzt. Beispiele für Flussoasen sind die Niloase und die Bewässerungsgebiete an Euphrat und Tigris. Die Fließgewässer werden hier durch Ableitungsvorrichtungen nutzbar gemacht. Auch Überflutungsareale, die bei Hochwasser überschwemmt werden, können landwirtschaftlich genutzt werden. Liegt oberflächennahes Grundwasser vor, spricht man von einer Grundwasseroase. Kulturpflanzen, die mit ihren Wurzeln die grundwasserführenden Schichten erreichen können, lassen sich hier anbauen. Grundwasser kann auch in Form einer Quelle im unteren Hangbereich von Gebirgen austreten. Immer wichtiger für die Bewässerung der Oasen wird in neuerer Zeit das Bohren von Brunnen.

Die traditionellen Oasen bildeten früher ein in sich geschlossenes Wirtschafts- und Sozialsystem, dessen Produkte in erster Linie zur Subsistenz (Selbstversorgung) der Oasenbewohner dienten. Oasen waren und sind aber auch wichtige Anlaufpunkte im transsaharischen Karawanenverkehr und -handel. Lange Zeit unterhielten sie bedeutende Wirtschaftsbeziehungen zu den Nomaden der Wüste. Die Landwirtschaft konzentrierte sich auf Pflanzenproduktion, wobei Datteln den Schwerpunkt bildeten.

Auch heute stellt der Dattelhain den dominierenden Bestandteil der Oasenvegetation. Typisches Kennzeichen ist der sogenannte Stockwerkbau, der sich als Anpassung an die beschränkte Anbaufläche herausgebildet hat. Beim dreiteiligen Stockwerkbau werden in der niedrigen Ebene Weizen, Gerste, Hirse, verschiedene Gemüsearten, Reis sowie Futterpflanzen angebaut. Die zweite Ebene wird von niedrigen Baumkulturen wie Feige und Granatapfel dominiert. Die dritte Ebene bilden die Dattelpalmen, deren Früchte den Bewohnern als Nahrungsgrundlage und als Exportgut dienen. Ferner werden Öl- und Aprikosenbäume angebaut. Das für die Nutzpflanzen benötigte Wasser wird meist in offenen Kanälen nach einem strikt festgelegten Schema verteilt.

Heutzutage verändert der Tourismus die wirtschaftliche und soziale Situation der Oasenbewohner. Auf der einen Seite entstehen neue Einnahmequellen, auf der anderen Seite erhöht sich die Nachfrage nach Trinkwasser dramatisch, was in der Folge die Wasserreserven und das fragile Ökosystem belastet. Welche Folgen diese Entwicklung haben wird, ist gegenwärtig noch nicht abzusehen.

2.2 Klimatische Verhältnisse

Das Klima Nordafrikas und Vorderasiens steht in engem Zusammenhang in mit dem Relief. Die Verteilung der Niederschläge und die Temperaturverläufe haben dabei maßgeblichen Einfluss auf das landwirtschaftliche Nutzungspotenzial.

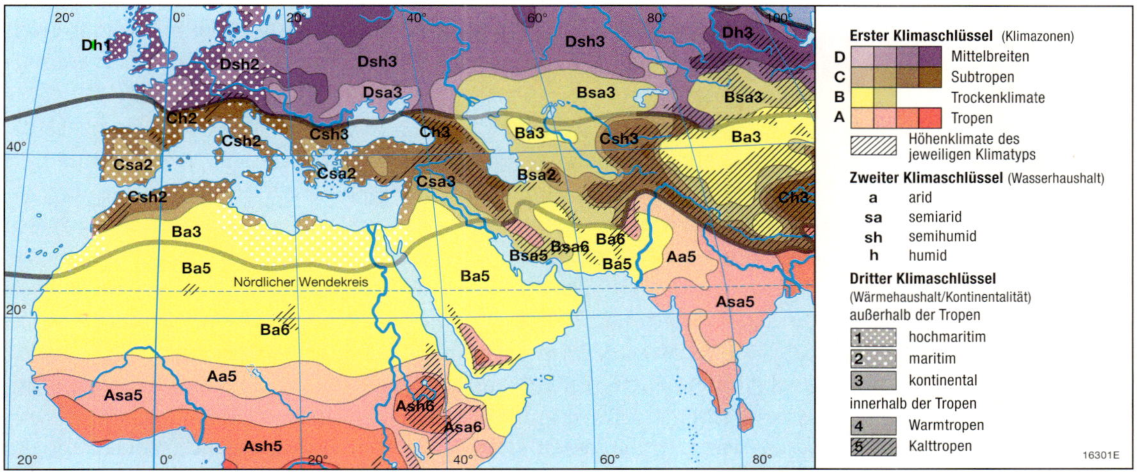

M 3: *Die Klimazonen in Nordafrika und Vorderasien*

Auch klimatisch gesehen stellen Nordafrika und Vorderasien einen Grenzsaum dar, in dem das Winterregenklima des Mittelmeerraumes in das aride Klima Nordafrikas und Vorderasiens übergeht. Entscheidenden Einfluss auf das Klima hat das Relief. So sorgen die alpidischen Hochgebirge dafür, dass sich die feuchten Luftmassen bereits an den Küstenseiten der Gebirge abregnen. Die Randgebirge verstärken auf diese Weise die Aufteilung des Raumes in humide Küstenebenen und Gebirgslandschaften auf der einen und aride Wüsten und Steppen auf der anderen Seite (vgl. 2.1.1). Diese Zweiteilung hat direkten Einfluss auf das landwirtschaftliche Nutzungspotenzial. Die humiden Gebiete sind agrarischer Gunstraum, die ariden gelten als Ungunstraum. Naturräumliche Grenzen sind aber nicht als festgelegte Linien zu verstehen; es handelt sich vielmehr um Übergangszonen, die je nach Relief regional deutlich variieren können.
Wie im Namen „altweltlicher Trockengürtel“ bereits anklingt, stellt die Aridität die wichtigste klimatische Gemeinsamkeit der Länder Nordafrikas und Vorderasiens dar. Gleichzeitig bildet die Trockenheit das größte Hindernis für deren landwirtschaftliche Nutzung. Allerdings weisen die unterschiedlichen Landschaftstypen und Regionen auch innerhalb des Trockenraums stark abweichende Niederschlagsmengen auf. Die Küstenebenen und die gebirgigen Randzonen zählen zu den Winterregengebieten und sind humid. Daran schließt sich ein semiarider Übergangsbereich an, der in die ariden Gebiete der Halb- und Vollwüste übergeht. Diese Abfolge verläuft von der Küste aus landeinwärts, in Nordafrika von Norden nach Süden, in Vorderasien von Westen nach Osten.

Die Sahara und die Wüsten der arabischen Halbinsel zählen zu den sogenannten Wendekreis- oder Passatwüsten, die zwischen 10° und 35° geographischer Breite zu finden sind. Verursacht wird die Aridität hier

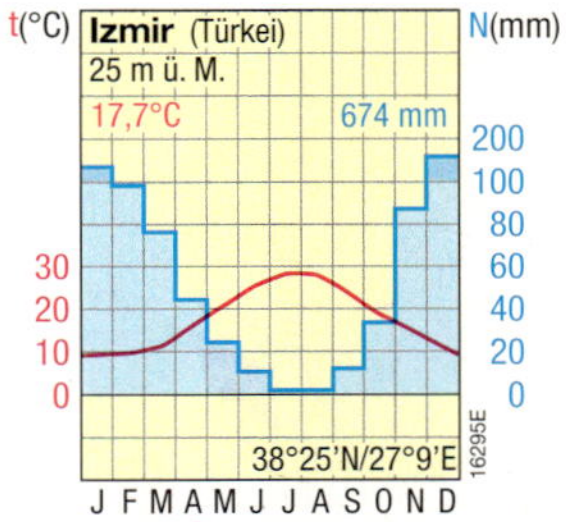

M 4: *Winterregenklima in der Türkei (Izmir)*

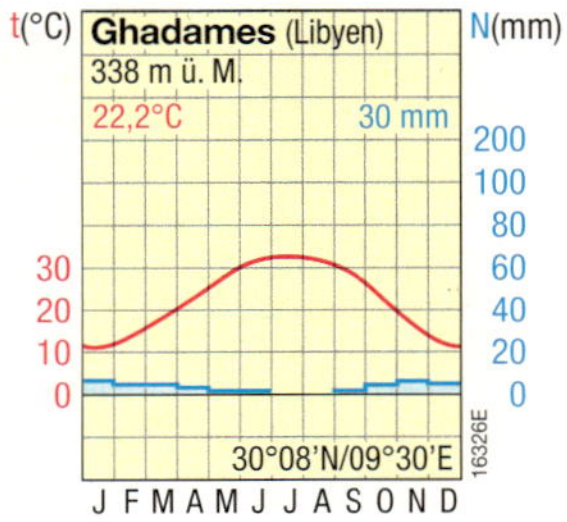

M 5: *Wüstenklima in Libyen (Ghadames)*

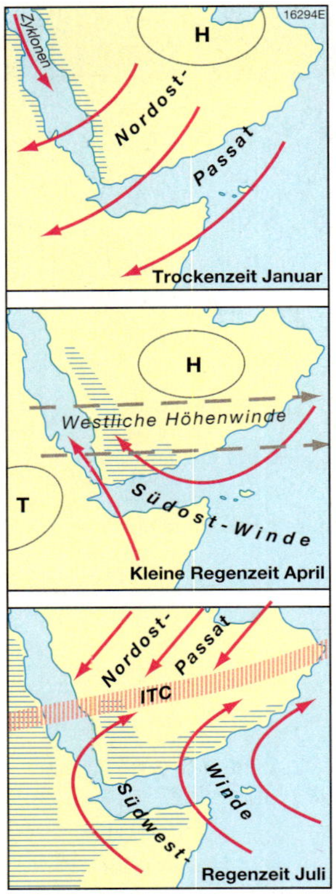

M 1: *Der Einfluss des Südwest-Monsuns im Süden der Arabischen Halbinsel*

durch den Einfluss des Nordost-Passats, der in großen Teilen Nordafrikas und Vorderasiens für ganzjährige Trockenheit sorgt. Die Passatwinde entstehen durch die Passatzirkulation zwischen Äquator und subtropischer Tiefdruckrinne. Die Trockenheit der Sahara wird im Westen vom kalten Kanarenstrom verstärkt. In einigen Regionen wie dem Altlas im Nordwesten der Sahara wird der Wüsteneffekt noch durch den Regenschatteneffekt der höheren Gebirge verstärkt. Bevor die Wolken die Wüste erreichen können, regnen sie an der Nordseite, die der Küste zugewandt ist, ab. Lediglich die nördlichsten Gebiete, die Küstenebenen, liegen im Winter in den Einflussbereichen der Westwinde, die Feuchtigkeit mit sich führen. Im Winter wirken die Gebirgsketten auch in diesen Gebieten als Regenfänger.

Es wird deutlich, dass die Küstengebiete Nordafrikas und Vorderasiens, die im Einflussbereich des mediterranen Winterregens liegen, klimatisch begünstigt sind. Das Binnenland hingegen ist auf die Zufuhr von Fremdwasser angewiesen, das in der Regel durch die großen Ströme wie Nil oder Euphrat geliefert wird. Eine Sonderstellung nimmt der Süden und Südwesten der arabischen Halbinsel ein. Durch die saisonale Verschiebung der ITC (Innertropische Konvergenzzone) werden diese Regionen im Juli vom Südwest-Monsun beeinflusst, der für Niederschläge sorgt. Wie schnell diese Niederschläge ausbleiben können, zeigt sich am Sahel, der als südlicher Wüstensaum an die Sahara angrenzt (siehe M 4, S. 23).

Neben dem Niederschlag stellt die Temperatur die zweite wichtige Klimadeterminante dar. Sie wird von mehreren Variablen beeinflusst. Einerseits durch die extremen sommerlichen Bedingungen des Strahlungshaushalts: Die Globalstrahlung fällt in diesen Breiten sehr steil ein und trifft auf bisweilen karge, häufig sogar gänzlich vegetationslose Flächen. Daneben spielt die sogenannte Kontinentalität eine wichtige Rolle. Ihr Einfluss nimmt mit der Entfernung vom Ozean zu. Die Kontinentalität drückt sich vor allem in der Vergrößerung der Amplitude aus, also der Differenz zwischen sommerlicher Höchsttemperatur und winterlicher Tiefsttemperatur. Im nördlichen Vorderasien tritt häufig eine winterliche Extremtemperatur von −20°C auf, während im Sommer die Temperaturen

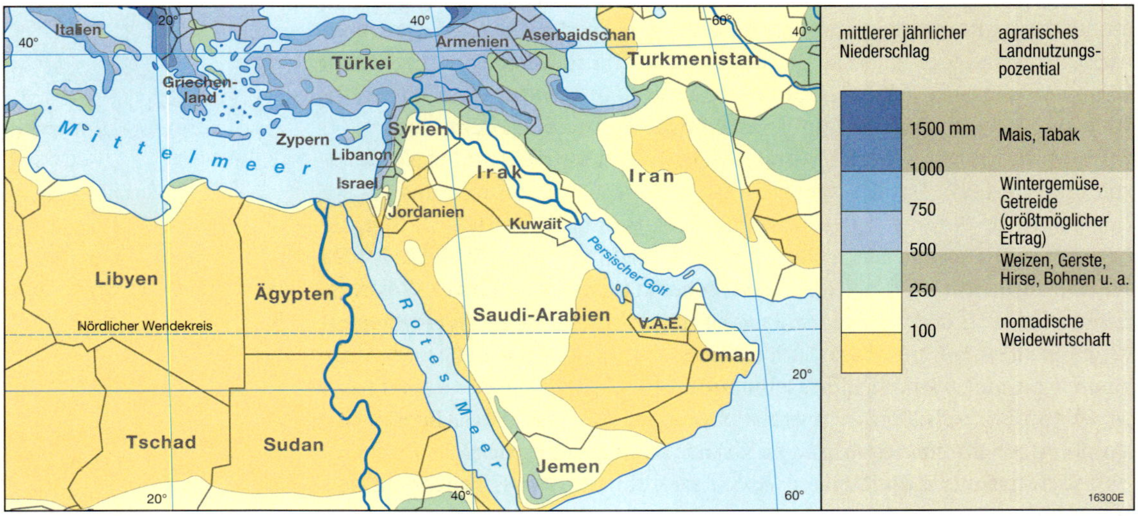

M 2: *Niederschlagsverteilung in Vorderasien*

bis auf 50° C steigen können. Dagegen ist die Amplitude an der atlantischen Küste von Marokko aufgrund der Wirkung des Kanarenstroms deutlich ausgeglichener.

Auch die Höhe über Normal Null, Höhenwandel genannt, hat Einfluss auf den Temperaturverlauf. So werden in den Höhenlagen der Gebirge noch in den frühen und späten Sommermonaten oberhalb und unterhalb der Waldgrenze Temperaturen von unter 0° C gemessen. In den Wintermonaten fällt dort regelmäßig Schnee, der zuweilen eine dauerhafte Schneedecke bildet. In den iranischen Gebirgsketten existieren sogar Gletscher. Diese Bedingungen werden auch touristisch genutzt. In den Hochlagen des Atlas und des Libanongebirges sind mittlerweile beliebte Skigebiete entstanden.

M 3: *Der iranische Demawend*

Vier Jahrzehnte sind jetzt seit dem plötzlichen Rückgang der Niederschläge dort vergangen, und es gibt keinerlei Anzeichen, dass die Leben spendenden Monsunregen wiederkehren werden. Schon vor dem Rückgang gab es im Sahel nur marginale Regenfälle, und das Leben dort war hart. In Bereichen mit besseren Böden und mehr Regen konnten die Bauern von ihren Feldern leben, und in trockenerem Brachland zogen Kamelhirten auf der Suche nach Futter für ihre Herden ihre halbnomadischen Runden. Der Niederschlagsmangel hat das Leben für beide Gruppen schwierig gemacht: Die Hirten finden kaum noch Gras in den Bereichen, die jetzt eine echte Wüste sind, während Bauern kaum noch genügend Regen bekommen, um ihren Feldern ein Minimum an Ernte zu entlocken.

M 4: Quellentext zur Klimaveränderung
Flannery, T. (2006): Wir Wettermacher. Wie Menschen das Klima verändern und was das für unser Leben auf der Erde bedeutet (2006)

1. *Erläutern Sie die anhand der Materialien in einem Kurzvortrag die klimatischen Gegebenheiten im altweltlichen Trockengürtel.*
2. *Erklären Sie Entstehung und Auswirkung des Südwest-Monsuns im Jemen anhand von M 1 und sowie mithilfe des Diercke Weltatlas (Ausg. 2008, S. 228/229 u. 230/231).*

Der Schneefall in den Gebirgen Nordafrikas und Vorderasiens ist von großer Bedeutung für den Wasserhaushalt, da es hier im Sommer zum Abfluss des Schmelzwassers kommt. Dies verbessert die Voraussetzungen für die Landwirtschaft auch im ansonsten benachteiligten Binnenland, in dem ansonsten nur die großen Fremdlingsflüsse das ganze Jahr hindurch Wasser führen. Gebiete, die im Einflussbereich des Schmelzwasserabflusses liegen, werden auf diese Weise zumindest saisonal mit Wasser versorgt.

Die Höhenstufen der Gebirge des Orients innerhalb und oberhalb der Waldstufe haben Frost selbst in den frühen und späten Sommermonaten aufzuweisen. In den Wintermonaten fällt hier regelmäßig Schnee, der zuweilen eine länger dauernde Schneedecke bilden kann [...]. Die winterliche Schneedecke in allen Hochgebirgen des Orients ist auch deshalb von großer Bedeutung, weil sie den Wasserhaushalt durch eine erhöhte sommerliche Abflußspende bis in die trockenen Vorländer hinein begünstigt und dadurch die Voraussetzung für die Bewässerungswirtschaft verbessert.

M 5: Quellentext zum Gebirgsklima
Mensching, H. u. Wirth, E.: Nordafrika und Vorderasien. Fischer Länderkunde (1989)

2.3 Agrarische Nutzung

Trotz der vorwiegend ungünstigen naturräumlichen Bedingungen wird in Nordafrika und Vorderasien traditionell Landwirtschaft betrieben. Angepasst an die naturräumlichen Bedingungen haben sich spezielle Nutzungsformen entwickelt: Regenfeldbau, Bewässerungswirtschaft und nomadische Viehwirtschaft.

Land	Mögliche Ackerfläche der Staatsfläche (in %)	Bewässerte Ackerfläche (in km²)
Marokko	19,0	14 450
Tunesien	17,05	3 940
Syrien	24,8	13 330
Ägypten	2,92	34 220
Saudi Arabien	1,67	16 200
Jemen	2,91	5 500
Irak	13,12	35 250

M 1: *Bewässerte Ackerflächen in ausgewählten Ländern (2009)*

1. *Erläutern Sie den Inhalt von Tabelle M 1. Warum unterscheidet sich die Größe der bewässerten Fläche von Land zu Land stark?*
2. *Beschreiben Sie mithilfe von M 2 die landwirtschaftlichen Nutzungsformen in Marokko. Begründen sie die Verteilung dieser Nutzungsformen mit den naturräumlichen Gegebenheiten des Landes.*

Die Zweiteilung des Raumes in klimatische Gunst- und Ungunsträume zeigt sich deutlich am Flächennutzungspotenzial der jeweiligen Region. In den zum mediterranen Winterregenklima zählenden Küstenebenen kann Ackerbau ohne Bewässerung (Regenfeldbau) betrieben werden. Hingegen eignen sich die ariden Binnenländer nicht für diese Wirtschaftsform. Der Jahresniederschlag ist in diesen Regionen viel zu gering, um die landwirtschaftlichen Nutzflächen ausreichend mit Regenwasser zu versorgen. Ackerbau ist dort nur an hydrologisch begünstigten Orten und durch die Anwendung aufwändiger Bewässerungstechniken möglich. Optimal angepasst an die naturräumlichen Bedingungen arider Wüsten und Halbwüsten ist die nomadische Viehhaltung. Für diese extensive Wirtschaftsform stehen, auch aufgrund der geringen Besiedlung in den Steppen der ariden Gebiete, große Flächen zur Verfügung – eine wichtige Voraussetzung, da häufige Ortswechsel zur nomadischen Lebensweise gehören.

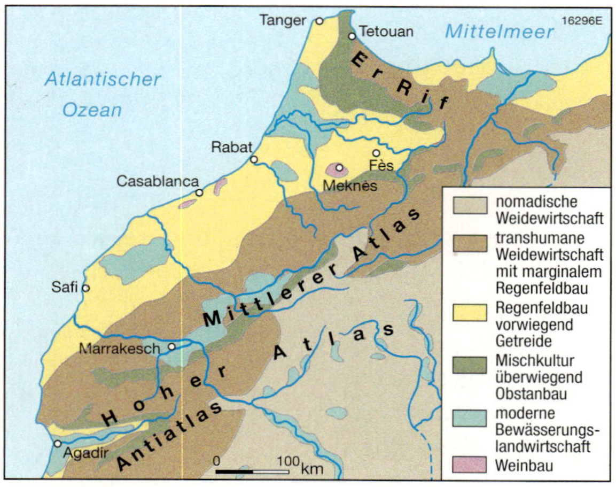

M 2: *Flächennutzung in Marokko*

Da es sich bei den Ländern des altweltlichen Trockengürtels um einen Übergangsbereich handelt, existieren hier meist mehrere Wirtschaftsformen nebeneinander. In Marokko etwa wird auf den fruchtbaren, humiden Küstenebenen Regenfeldbau betrieben. Im Gebirge liegt der Schwerpunkt auf der Weidewirtschaft; im ariden Binnenland ist die nomadische Viehwirtschaft vorherrschend. Auch hier sind die agrarischen Nutzungsformen angepasst an Klima und Relief, die sich ihrerseits gegenseitig beeinflussen. Die agrarische Nutzung folgt jahrhundertealten Entwicklungen und Traditionen. Diese unterliegen klimatischen, geomorphologischen, aber auch kulturellen und sozialen Rahmenbedingungen, die zusammenwirken.

2.3.1 Regenfeldbau und Bewässerung

Die Niederschlagsmenge einer Region entscheidet darüber, welche landwirtschaftliche Nutzungsform dort betrieben werden kann. Gebiete, die auf künstliche Wasserzufuhr angewiesen sind, haben spezielle Bewässerungssysteme entwickelt, die sich im Laufe der Jahrhunderte kaum verändert haben.

In einigen subtropischen Regionen des altweltlichen Trockengürtels ist der Jahresniederschlag größer als die Verdunstung. Ackerbau kann hier ohne zusätzliche Bewässerung betrieben werden. Im Gegensatz zur Bewässerungslandwirtschaft wird bei dieser Anbauform, dem sogenannten Regenfeldbau, der Wasserbedarf der Pflanze ausschließlich aus den Niederschlägen gedeckt. Beim Regenfeldbau lässt man die Felder in der Regel zunächst zwei Jahre brach liegen. Auf den Äckern werden Furchen gezogen, in denen sich Wasser sammeln kann. Nachdem Niederschlag gefallen ist, werden die Felder gepflügt, um die Verdunstung zu verringern. Während der zweijährigen Brache reichert sich der Boden auf diese Weise mit Feuchtigkeit an. Im dritten Jahr wird kurz vor der Regenzeit das Getreide gesät. Der Boden enthält nun genügend Wasser, um die Reifung des Getreides zu gewährleisten. Vor allem aufgrund der zweijährigen Brache geht der Regenfeldbau mit einem hohen Flächenverbrauch einher.

Die Trennlinie zwischen Regenfeldbau und Bewässerungslandwirtschaft bildet die so genannte agronomische Trockengrenze. Sie fällt in etwa mit der 400-mm-Isohyete zusammen. In Nordafrika und Vorderasien entspricht die Grenze des Regenfeldbaus in etwa dem Verlauf der Randgebirge. Allerdings unterliegen die winterlichen Niederschläge an der Küste von Jahr zu Jahr starken Schwankungen, so dass sich die Anbaugrenze teilweise jährlich um bis zu 200 km verschieben kann. Eine

M 3: *Traditionelle Bewässerung in Ägypten*

Brache
Der Begriff bezeichnet eine aus wirtschaftlichen oder regenerativen Gründen unbestellte Fläche.

Isohyete
Linie, die Orte gleichen Niederschlags verbindet

M 4: *Theoretische Grenze des Regenfeldbaus und Fruchtbarer Halbmond*

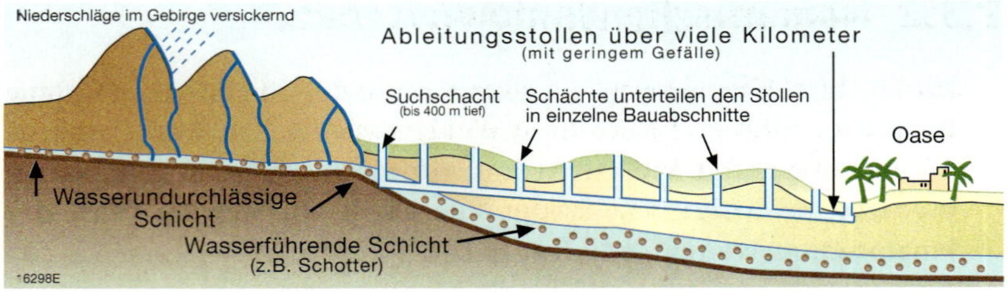

M 1: *Die Foggara – traditionelle Methode der Wasserbeschaffung*

Ausnahme bildet der Südwesten der arabischen Halbinsel. Die dort vorhandenen höheren Niederschlagsmengen, die den Regenfeldbau ermöglichen, sind auf die Einwirkung des Südwest-Monsuns zurückzuführen (vgl. 2.2).

Im Gegensatz zum Regenfeldbau bedient sich die Bewässerungswirtschaft künstlicher Hilfsmittel. In niederschlagsfreien oder -armen Perioden werden durch geeignete technische Maßnahmen ausreichende Wassermengen auf die Felder geleitet, um den fehlenden Niederschlag zu ersetzen. Das erforderliche Wasser für die zu bewässernden Flächen stammt aus den natürlich vorkommenden ober- oder unterirdisch stehenden oder fließenden Gewässern. Das jeweilige Bewässerungsverfahren richtet sich nach den lokalen Gegebenheiten. Solche Bewässerungssysteme existieren bereits seit dem 13. Jahrhundert und haben sich seitdem kaum verändert. Von besonderer Bedeutung ist das Foggarasystem. Dabei wird eine Grundwasser führende Schicht über einen Querstollen angegraben und das Wasser in langen Stollen zu den Oasen geleitet. Moderne Bewässerungssysteme sind in der Regel in kreisförmigen Mustern angelegt.

M 2: Quellentext – Gedanken eines Kleinbauers

Lampe, K. J.: Bewässerungslandwirtschaft in der Dritten Welt. Gedanken eines Kleinbauern. Geographische Rundschau 34/1982, Heft 12

Seit 4 000 Jahren kennt man die Bedeutung und die Notwendigkeit einer Kombination von Be- und Entwässerung. Wie ist es möglich, dass nationale und internationale Finanzierungsinstitute unserer Regierung den Bau der Drainage und Tertiärkanäle überlassen, obwohl sie wissen müssen, dass die Mittel für derartige Programme […] nicht aufgebracht werden können. […] Warum wird bei der Planung eines neuen Stahlwerkes die Wirtschaftlichkeit auch langfristig mit bewundernswerter Akribie geprüft, nicht aber bei der Konzipierung eines Bewässerungssystems?

Eines haben alle Systeme der Bewässerungslandwirtschaft in den ariden Gebieten gemeinsam. Es gilt die Devise: Keine Bewässerung ohne Entwässerung. Überschüssiges Wasser muss von den bewässerten Flächen abgeführt werden. Ansonsten droht die Versalzung und Vernässung der Böden. Aufgrund der starken Verdunstung in ariden Klimaten würden Salze im Boden bleiben, deren Konzentration sich ständig erhöht.

Bewässerungswirtschaft wird nicht nur in ariden, sondern auch in humiden Gebieten betrieben. Während in den Trockenklimaten die Bewässerung die einzige Möglichkeit ist, um überhaupt Landwirtschaft betreiben zu können, wird in humiden Klimabereichen die landwirtschaftliche Fläche zusätzlich bewässert, um die Erträge zu steigern. Der Schwerpunkt liegt jedoch in den Grenzgebieten zum reinen Regenfeldbau. In Nordafrika und Vorderasien wird Bewässerungswirtschaft zumeist in den Oasen und im Einzugsbereich großer Stauseen betrieben.

1. *Erklären Sie anhand von M 1, das System der traditionellen Foggara.*
2. *Interpretieren Sie die Bezeichnung „Der fruchtbare Halbmond“ in Bezug auf die naturräumlichen Gegebenheiten.*
3. *Erläutern Sie auch mithilfe von Karte M 1, S. 20, die Zusammenhänge zwischen Klima, Flächennutzung und Desertifikation.*

2.3.2 Nomadische Weidewirtschaft

Durch ihre Lebensweise sind Nomaden in der Lage, auch in klimatisch benachteiligten Gebieten Weidewirtschaft zu betreiben. Die Wanderungen der Viehbesitzer richten sich dabei nach dem Futterangebot. Mittlerweile ist der traditionelle Nomadismus jedoch vom Aussterben bedroht.

Im Gegensatz zu Regenfeldbau und Bewässerungswirtschaft stellt der Nomadismus nicht nur eine landwirtschaftliche Nutzungsform dar. Er ist auch eine an naturräumliche Extrembedingungen angepasste mobile Lebensform. Bestimmendes Merkmal des traditionellen Nomadismus ist die ganzjährige Wanderung einer sozialen Gruppe mit ihrer Viehherde, deren Eigentümer die Nomaden zumeist selbst sind. Auf den Wanderungen werden teilweise Entfernungen von mehr als 1 000 km zurückgelegt. Meist geschieht dies in einem bestimmten jahreszeitlichen Rhythmus, angepasst an das Futterangebot auf den Naturweiden. Die Herden der Nomaden des vorderen Orients bestehen in der Regel aus Schafen, Ziegen oder Dromedaren. Als Trag- und Transporttiere werden Esel, Maultiere und Pferde sowie ebenfalls Dromedare genutzt. Die materielle Kultur ist der mobilen Lebensweise angepasst. So erfordert beispielsweise der häufige Wechsel des Wohnplatzes transportable Behausungen.

M 3: *Nomaden in der Sahara*

Den traditionellen Nomadismus gibt es heute nicht mehr. Stattdessen spricht man von nomadischer Weidewirtschaft. Dabei handelt es sich um eine mobile Lebens- und Wirtschaftsform: Eine soziale Gruppe betreibt Viehwirtschaft zur Existenzsicherung und folgt dabei dem jeweils vorhandenen Weideangebot. Betrieben wird die nomadische Weidewirtschaft häufig von Halbnomaden. Bei dieser Wirtschaftsweise sind nur Teile der Gruppe an der Wanderung beteiligt. Die übrigen Familienmitglieder leben an festen Siedlungsplätzen und betreiben dort in der Regel Feldbau. Viele ehemalige Nomaden sind heute Staatsbedienstete geworden (z. B. Militär), häufig erwirtschaften die Familien ein Zusatzeinkommen im Tourismus. In ariden Halbwüsten und Wüstengebieten stellt der Nomadismus häufig die einzig mögliche Form der Weidewirtschaft dar. Nur wenn große Flächen durch Wanderung genutzt werden, kann das Vieh genug Nahrung finden. Die ständigen Ortswechsel verhindern gleichzeitig eine Überweidung.

Heute wird von staatlicher Seite versucht, den Nomadismus zu kontrollieren oder sogar zu unterbinden. In vielen Ländern versuchen Regierungen, die Nomaden sesshaft zu machen. Deren existenzielle Bedürfnisse werden dabei in der Regel nicht berücksichtigt, ihr traditionelles Wissen wird ignoriert. Häufig können die ehemaligen Nomaden die neuen Landnutzungsrechte nur schlecht gegen ihre schon länger sesshaften Nachbarn durchsetzen. Auch willkürliche Grenzziehungen, Aus-

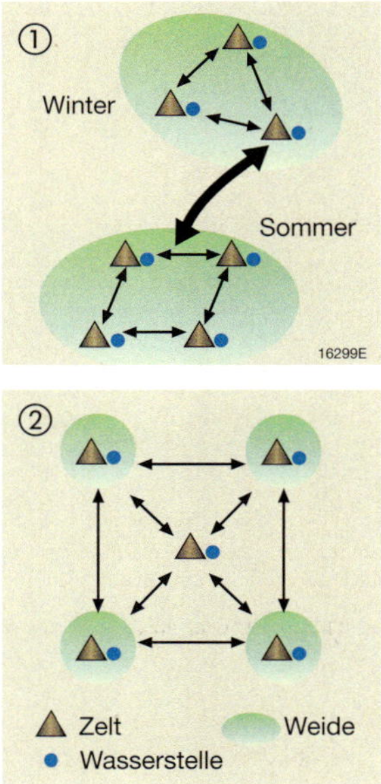

M 4: *Vollnomadismus mit periodisch saisonaler Wanderung*

weitung von Ackerland und Forstgebieten, Mechanisierung der Landwirtschaft und moderne Verkehrsmittel tragen zum Verschwinden des traditionellen Nomadismus bei. Heute findet die mobile Weidewirtschaft meist zielgerichtet entlang vorgegebener Routen statt. Vielfach geht der Nomadismus dabei in eine andere Wirtschaftsform, die Transhumanz, über. Mögliche Folgen dieser Entwicklungen sind Überweidung und Desertifikation.

1. *Erläutern Sie anhand von Abbildung M 4 den Vollnomadismus mit periodisch saisonaler Wanderung.*
2. *Erstellen Sie nach dem Muster von M 4 eine Skizze, die den modernen Nomadismus darstellt.*
3. *Welche klimatischen und anthropogenen Faktoren lösen die Ausbreitung der Wüste aus? Gibt es einen Zusammenhang zwischen nomadischer Weidewirtschaft und Desertifikation?*

Fazit Kapitel 2

Nordafrika und Vorderasien zählen zum altweltlichen Trockengürtel, dessen zentrales Merkmal die Aridität ist. Dennoch gibt es auch in diesem Raum humide Gebiete, die als klimatische Gunsträume gelten. Klimatische Gunst hängt eng mit dem Relief zusammen; sie ist entscheidend für das landwirtschaftliche Nutzungspotenzial eines Raumes. Die wichtigsten Nutzungsformen des altweltlichen Trockengürtels sind Regenfeldbau, Bewässerungswirtschaft und nomadische Viehhaltung. Jedoch wird der ehemals vorherrschende traditionelle Nomadismus heute kaum noch betrieben. Ackerbau ist in ariden Gebieten nur in Form von Bewässerungswirtschaft möglich. Er stellt eine besonders intensive Nutzungsform dar. Wirtschaftsformen wie Nomadismus und Oasenwirtschaft unterliegen heute einem Strukturwandel. Da der altweltliche Trockengürtel ein Übergangsgebiet zwischen humiden und ariden Klimaten darstellt, ist er als Ökosystem besonders fragil und daher durch menschliche Eingriffe stark gefährdet.

3 Gesellschaft und Staat

Das gesellschaftliche Leben in Nordafrika und Vorderasien unterscheidet sich stark vom Alltag in Europa. Nach wie vor spielen Clans und Familien eine wichtige Rolle. Dem Einzelnen bieten sie Rückhalt und Unterstützung, nehmen aber auch starken Einfluss auf individuelle Entscheidungen. Ein Großteil dieser Gesellschaften wird von autokratischen Regimen regiert. Diese autoritären politische Strukturen werden mehr und mehr zum Hindernis für eine erfolgreiche Entwicklung. Mittlerweile gibt es jedoch Ansätze für Reformen und demokratische Öffnung.

02.03.10

3.1 Segmentär geprägte Gesellschaften

Trotz intensiver Prägung durch die Kolonialzeit spielen in Nordafrika und Vorderasien neben den politischen Zentralinstanzen nach wie vor Familie und Clan eine wichtige Rolle im gesellschaftlichen Leben. Der Einzelne erfährt dadurch Rückhalt und Unterstützung. Doch der Einfluss der Familie hat auch Nachteile.

In den modernen europäischen Gesellschaften ist das Individuum eingebunden in kommunale und staatliche Organisation und durch eine Vielzahl sozialer Sicherungssysteme vor Risiken wie Arbeitslosigkeit, Krankheit oder Schäden mehr oder weniger geschützt. Einigen Staaten Nordafrikas und Vorderasiens haben inzwischen ähnliche Systeme etabliert; die Absicherung reicht jedoch bei weitem nicht aus. Der Rückhalt der Familie und ihre Beziehungen bieten dem Individuum nach wie vor eine Form der Unterstützung, auf die die Mitglieder dieser Gesellschaften nicht verzichten können und wollen. Diese Einstellung hat eine weit zurückreichende Tradition. Lange Zeit spielten politische Zentralinstanzen im Leben der Bewohner Nordafrikas und Vorderasiens kaum eine Rolle. Die Mitglieder der einzelnen Gruppierungen oder ‚Segmente' der Gesellschaft fühlten sich nicht den Gesetzen irgendeines Staates verpflichtet, sondern handelten ausschließlich zum Wohle der eigenen Familie oder des eigenen Clans. Gesellschaften, die nach diesem Prinzip organisiert sind, werden als „segmentär" bezeichnet.

Ich gegen meinen Bruder, ich und mein Bruder gegen meinen Cousin, ich mein Bruder und mein Cousin gegen den Rest der Welt.

Wenn Du nicht den Beruf deines Vaters ergreifst, dann bist du verloren.

Arabische Spruchweisheiten

Inzwischen haben alle Territorien, in denen die Menschen einst ohne jede zentrale politische Ordnung in segmentären Gesellschaften lebten, als Folge der Kolonialisierung und nachfolgender Prozesse den Status von Nationalstaaten und sind zumindest nominell mit Institutionen wie Parlament, Gericht und Polizei ausgestattet. Die segmentäre Gesellschaft in ihrer Reinform existiert heute nicht mehr. Dennoch spielen Familie und Clan in den Gesellschaften Nordafrikas und Vorderasiens nach wie vor eine überragende Rolle. Man spricht in diesem Zusammenhang auch von „segmentär geprägten" Gesellschaften.

Privates Interesse beeinflusst Berufsinteresse

C) Worin das Individuum agieren kann und selbst entscheidet, was ihm wichtig ist.

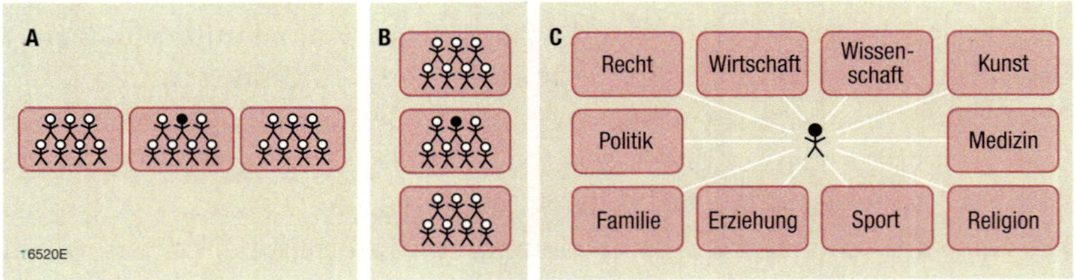

M 1: *Stellung des Individuums in einer segmentären Gesellschaft (A), in einer Ständegesellschaft (B) und in einer funktional differenzierten Gesellschaft (C)*

B) z.B. Indien – Kastensystem oder im Mittelalter in Deutschland

Idealerweise gehört jede Person zu einer Kleinfamilie, die in weitere familiäre Bande eingebettet ist. Es existiert eine Vielzahl von sozialen Beziehungen. Die Regeln, nach denen diese Beziehungen funktionieren, werden definiert und eingeübt, während das Individuum in der Familie heranwächst. Der Einzelne sieht sich dabei zunächst den Mitgliedern der eigenen Familie gegenüber verantwortlich. Ihnen gegenüber bestehen besondere Rechte und Pflichten. Jedes Mitglied der so definierten Familie kann in allen existenziellen und strategischen Problemen mit der sozialen, finanziellen und psychischen Unterstützung der übrigen Angehörigen rechnen. Dies bedeutet jedoch auch, dass gravierende Entscheidungen über die Zukunft des Individuums nicht nur in die eigene Kompetenz fallen, sondern, da sie auch für die anderen Familienmitglieder von Belang sind, von diesen mitgefällt werden. Durch die Mitgliedschaft zu einer Familie unterwirft sich das Individuum einer Ordnung, die Rechte und Pflichten in allen Dingen des Lebens festlegt.

Die Fokussierung der Menschen auf die Familie, wie sie für segmentär geprägte Gesellschaften typisch ist, wird in der Verwendung des arabischen Begriffes „al-bait“ deutlich. Die Kleinfamilie, die erweiterte Familie, die Abstammungslinie oder Verwandtschaft und der (Wohn-)Ort der Familie sowie das Gebäude, in dem man lebt, werden mit demselben Begriff bezeichnet: al-bait, das Haus. Gemeinsam ergeben diese Bedeutungen die vier Dimensionen des Begriffs Familie. Aus ihnen schöpft das Individuum Sinn, Orientierung, Verortung und Unterstützung. Ein Verlust einer oder mehrerer dieser Dimensionen kommt einem Verlust der persönlichen Identität gleich. Er ist mit allen Mitteln zu vermeiden. Gesellschaftliche Akzeptanz und individuelles Selbstverständnis der Menschen gehen in der Regel auf ihre Abstammung zurück; sie erst verleiht soziale Identität. Die soziale Position und die gesellschaftliche Stellung der Individuen in segmentär geprägten Gesellschaften sind mehr oder weniger durch das öffentliche Ansehen und durch den ökonomischen oder religiösen Status der Familie festgelegt. Allerdings kann ein Individuum heute seine Stellung durch Bildung, berufliche Leistungen oder Erfolg auf ökonomischem oder religiösem Gebiet zumindest graduell verändern.

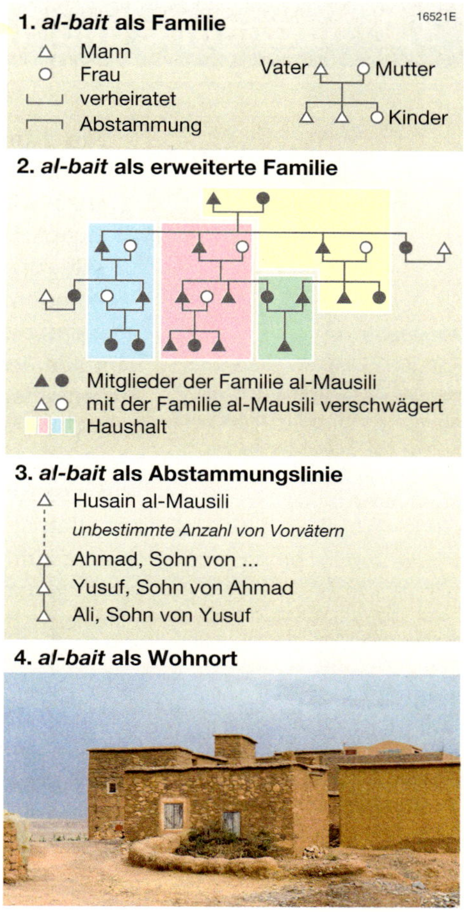

M 2: *Die vier verschiedenen Bedeutungsdimensionen des arabischen Begriffes al-bait (das Haus)*

Die große Wertschätzung von Familie und Verwandtschaft erzeugt einen hohen Erwartungsdruck. Die soziale Forderung nach – vor allem männlichem – Nachwuchs, als Statthalter und Garant für den Fortbestand der Familie und als Träger der familiären Identität, spielt in den Gesellschaften Nordafrikas und Vorderasiens eine nicht zu unterschätzende Rolle und ist mit verantwortlich für die hohen Reproduktionsraten. Darüber hinaus hat das Eingebundensein der Menschen in die Familie erhebliche Auswirkungen auf das Entwicklungspotenzial einer Gesellschaft, da familiäre Interessen häufig entwicklungsbezogene Aspekte überlagern. Die Auswahl von qualifiziertem Personal für unternehmerische und politische Aufgaben oder die unabhängige Tätigkeit in Behörden richtet sich nicht immer nach Qualifikation oder Fähigkeit der Bewerber, sondern wird oftmals durch familiäre Bande bestimmt. Die Funktionalität solcher Einrichtungen wird dadurch nicht selten beeinträchtigt. Aber auch an den segmentär geprägten Gesellschaften geht die Globalisierung nicht spurlos vorüber. Die zunehmende Integration der Staaten in den Weltmarkt und die sich ökonomisch, sozial und kulturell auswirkende Arbeitsmigration führt zum Zerfall der familiären Bande und damit letztlich zu einer Krise des Individuums.

1. *Interpretieren Sie die beiden arabischen Sprichwörter auf S. 30: Inwiefern beschreiben sie Grundprinzipien segmentärer und segmentär geprägter Gesellschaften?*
2. *Vergleichen Sie segmentäre Gesellschaften mit der europäischen Ständegesellschaft des Mittelalters.*
3. *Vergleichen Sie die Stellung des Individuums in einer segmentären Gesellschaft mit der Stellung und den Handlungsmöglichkeiten in einer funktional differenzierten Gesellschaft.*

3.2 Autokratie und Nationalstaat

Die autokratisch gelenkten Nationalstaaten Nordafrikas und Vorderasiens befinden sich in einem Spannungsfeld zwischen westlichem Kapitalismus einerseits und einem Erstarken des Islam andererseits. Inzwischen etablieren sich jedoch in vielen Staaten Ansätze zu einer Zivilgesellschaft jenseits von Politik, Ökonomie und Religion.

Autokratie

Selbstherrschaft. Der Autokrat erkennt Rechte, Sicherheit und Eigentum seiner Untertanen an. Er hält sich in der Regel an Rechtsnormen, die in den Ländern Nordafrikas und Vorderasiens vom Islam abgeleitet sind.

Segmentär geprägte Gesellschaften haben mit spezifischen Problemen zu kämpfen: In ihnen existieren teilweise stark widersprüchliche und sich voneinander abgrenzende Lebenswelten. Im privaten Raum als Familien oder Clans organisiert, stehen sich die Akteure im öffentlichen Raum meist mit konkurrierenden Interessen gegenüber. Um eine territoriale und nationale Ordnung zu ermöglichen, scheinen diese Gesellschaften auf allen Ebenen ihrer Institutionen und Organisationen einer autokratischen Führung zu bedürfen, die zwischen den unterschiedlichen Gruppierungen ausgleicht und rivalisierende Familienclans integriert.

Dynastie

Abfolge von Herrschern einer Familie, der es gelingt über einen längeren Zeitraum die höchste Herrschaftsposition zu besetzen

Mit der Entstehung der Nationalstaaten in Nordafrika und Vorderasien haben sich Herrschaftssysteme nach dem formalen Organisationsmuster westlicher Demokratien herausgebildet. Dennoch konnten sich in nahezu allen Staaten monarchische Dynastien (Marokko, Jordanien) oder familiäre Clans (Syrien, Libyen) etablieren. Die Herrscher stützen sich auf den eigenen Familienclan und seine Verflechtungen mit anderen Clans sowie auf die Loyalität von Militär, Polizei und Diensten, um ihre Macht nach außen und innen zu sichern. Dabei spielt es keine Rolle, ob es sich in formaler Hinsicht um eine aufgeklärte Monarchie oder ein autokratisches Präsidialsystem handelt. In der Regel ist ein Abdanken oder ein Rücktritt für den Machthaber nicht denkbar. Ein Wechsel der Herrschaft ist in der Regel nur durch den Tod des Regenten möglich. Im Alltag darf die Legitimation des Machthabers und die Ausübung der Macht nicht in Frage gestellt werden. Kritik ist lediglich an der Art und Weise der Machtausübung in Bezug auf religiöse und humane Normen möglich. Die Legitimation der politischen Macht wird durch religiöse Führerschaft, durch dynastische Abstammung sowie – je nach Herrschaftssystem – durch die Zustimmung der Clanführer oder des Volkes begründet. Die Herrscher sind, unabhängig von der Verfassung und den normativen Ansprüchen der Staatsform, den übergeordneten Regeln der Religion verpflichtet. Damit unterscheiden sich diese Herrschaftsformen klar von einer Diktatur, bei

M 1: *Der marokkanische König im Kreis seiner Familie*

der Willkür angewandt wird, um die Interessen des Diktators durchzusetzen. Der private Raum, also die Wohnung und das Wohnviertel, werden in der Regel von der zentralen Herrschaft und den Behörden respektiert.

Unabhängig von den konkreten Herrschafts- und Verwaltungspraktiken werden sämtliche Herrscher und politischen Systeme der Länder Nordafrikas und Vorderasiens durch die westlichen Demokratien gestützt und stabilisiert. Heute bekennen sich die meisten Staaten der Region zum kapitalistischen System, auch wenn einige von ihnen ihre alten sozialistischen Organisationsstrukturen beibehalten haben. Ein weiteres gemeinsames Merkmal ist das Erstarken des Islam auf allen gesellschaftlichen Ebenen. Dieser Trend überlagert alle anderen Entwicklungen. Doch werden lediglich in einigen Staaten wie etwa dem Iran sämtliche Dimensionen des politischen Lebens von religiösen Richtlinien bestimmt.

Es hat sich gezeigt, dass die autokratisch regierten Länder in mehrfacher Hinsicht Probleme bei der Entwicklung ihrer Gesellschaften haben. Beispielsweise werden Militärausgaben und Sicherheitsmaßnahmen zum großen Teil zur Stabilisierung der eigenen Machtverhältnisse genutzt. Auf diese Weise werden menschliche Ressourcen und finanzielles Kapital gebunden, die dringend für die Entwicklung des Landes benötigt werden. Hoffnung auf eine Liberalisierung und demokratische Öffnung der Regime in Nordafrika und Vorderasien hat die Ablösung der bisherigen Machthaber durch modern und europäisch ausgebildete Herrscher in einigen Ländern wie Marokko, Syrien und Jordanien geweckt. In jüngster Zeit versuchen zudem zahlreiche Personen und unabhängige Gruppen mit demokratischem Anspruch sich jenseits der etablierten Politik und Ökonomie eine Stimme zwischen privatem und öffentlichem Raum zu verschaffen. Die Initiativen und Vereine verstehen sich als Speerspitze einer Zivilgesellschaft und üben Kritik an gesellschaftlichen Missständen. Die organisierten Formen eines zivilen politischen Engagements ohne staatliche Sanktionierung und ökonomische Zwänge werden unter dem Begriff Nicht-Regierungsorganisationen oder Non Governmental Organizations (NGO) zusammengefasst. Die autoritären Regime sichern derweil ihren Fortbestand, indem sie das politische System mit demokratischen Versatzstücken ausstatten. Unter dem Druck globaler Organisationen und angesichts einschlägiger Forderungen der Europäischen Union und einheimischer demokratischer Aktivisten werden Zugeständnisse gemacht, die allerdings die strukturelle politische Macht nicht antasten.

1. *Erläutern Sie die unterschiedlichen Rechte und Einflussmöglichkeiten des Individuums bei politischen Wahlen in Marokko oder Syrien im Vergleich zu Deutschland.*
2. *Warum unterstützen westliche Demokratien – auch die Bundesrepublik Deutschland – die politischen Herrscher in Nordafrika und Vorderasien?*
3. *In welcher Hinsicht haben dynastische Autokratien Einfluss darauf, ob und wie sich in ihrem Land eine Zivilgesellschaft entwickelt.*

Zivilgesellschaft
Bereich einer Gesellschaft, der in einem Raum zwischen staatlicher und wirtschaftlicher Sphäre einerseits und der Privatsphäre andererseits angesiedelt ist. Die Zivilgesellschaft ist in Vereinen, Clubs und sozialen Bewegungen organisiert und verfolgt keine ökonomischen Ziele.

In den Medien, vor allem in der Presse, werden andere Meinungen zugelassen, auch wenn bei aller neuen Toleranz immer noch klare Grenzen des Erlaubten gelten. Man muss auch nicht mehr so viele Leute für so lange Zeit ins Gefängnis stecken – ausgenommen natürlich die „Extremisten". Die Staatsmacht nutzt alle Mittel: Sie gründet ihre eigenen Medien und eigene NGOs, sie simuliert eine Zivilgesellschaft nach eigenen Wünschen. Es handelt sich um eine Inszenierung, eine Rationalisierungsmaßnahme im Rahmen der bestehenden politischen Ordnung. Die autoritären Staaten haben keinen Wandel durch Demokratisierung erfahren, sie haben sich nur mit einigen Accessoires der Demokratie ausstaffiert. Wir erleben die Installation einer Version 2.0 der autoritären Herrschaft.

M 2: Quellentext – Demokratie zum Davonlaufen
Ben Abdallah El Alaoui, H.: Le Monde diplomatique (2008)

3.3 Bevölkerung und Demographie

Das enorme Bevölkerungswachstum in Nordafrika und Vorderasien spielt eine bedeutende Rolle für die Entwicklung der Weltbevölkerung. Allerdings differieren die statistischen Daten für die verschiedenen Länder der Region teilweise erheblich.

M 1: *Mütter und Kinder in Marokko*

Mehr als 6,8 Mrd. Menschen leben heute auf der Erde; davon ungefähr 473 Mio. in den Ländern Nordafrikas und Vorderasiens, was einem Anteil von etwa sieben Prozent der Weltbevölkerung entspricht. Bevölkerungsreichster Staat der Region ist Ägypten mit mehr als 83 Mio. Einwohnern und einer Megacity mit zwölf Mio. Bewohnern als Hauptstadt (zum Vergleich Deutschland: ca. 82 Mio.) Auch in der Türkei leben mit 76 Mio. Einwohnern fast ebenso viele Menschen wie in Deutschland. Einen mittleren Platz in der Statistik nehmen Marokko mit 35 Mio. und Saudi Arabien mit 29 Mio. Bewohnern ein. Die geringsten Einwohnerzahlen weisen kleine Länder wie Katar und Bahrain auf (jeweils ca. 0,8 Mio.).

Das durchschnittliche natürliche Wachstum der Weltbevölkerung – berechnet aus Geburtenrate und Sterberate – beträgt pro Jahr 1,2 Prozent. Bleibt dieser Trend konstant, wird sich die Bevölkerung in weniger als 60 Jahren verdoppelt haben. In zahlreichen Ländern Nordafrikas und Vorderasiens wie Katar, Algerien, Bahrain, Iran, Libyen und Tunesien entspricht das natürliche Bevölkerungswachstum fast genau dem durchschnittlichen Wachstum der Weltbevölkerung. In anderen Staaten wie Jemen, Kuwait und den Vereinigten Arabischen Emiraten liegt dieser Wert bei über drei Prozent. Damit verringert sich die Zeit, in der sich die Bevölkerung dieser Länder verdoppelt haben wird, um fast ein Drittel.

Das Verhältnis von Geburtenrate zu Sterberate gilt auch als Indiz für den so genannten „demographischen Übergang". Das Modell des demographischen Übergangs beschreibt, wie sich das Bevölkerungswachstum im Zuge der wirtschaftlichen Entwicklung eines Landes und den damit einhergehenden sozialen Fortschritten verändert. Der demographische Übergang gilt als Indikator für den Übergang eines Nationalstaates von der Agrargesellschaft zur Industriegesellschaft und von der Industriegesellschaft zur postindustriellen Gesellschaft. Ist die Geburtenrate wie in einigen Ländern Nordafrikas sehr hoch, lässt dies auf das Festhalten der Bevölkerung an traditionellen Normen schließen. Die Ursache könnte aber auch in ökonomischer Unsicherheit liegen: Eine große Kinderzahl garantiert familiäre Unterstützung und dient gleichzeitig der Altersvor-

Demographischer Übergang

Stellt den Übergang von hohen zu niedrigen Geburten- und Sterberaten und den daraus resultierenden natürlichen Bevölkerungszuwachs dar. Die natürliche Bevölkerungszuwachsrate wird aus der Summe der Fertilität (Geburtenrate), Mortalität (Sterberate) und dem Wanderungssaldo errechnet.

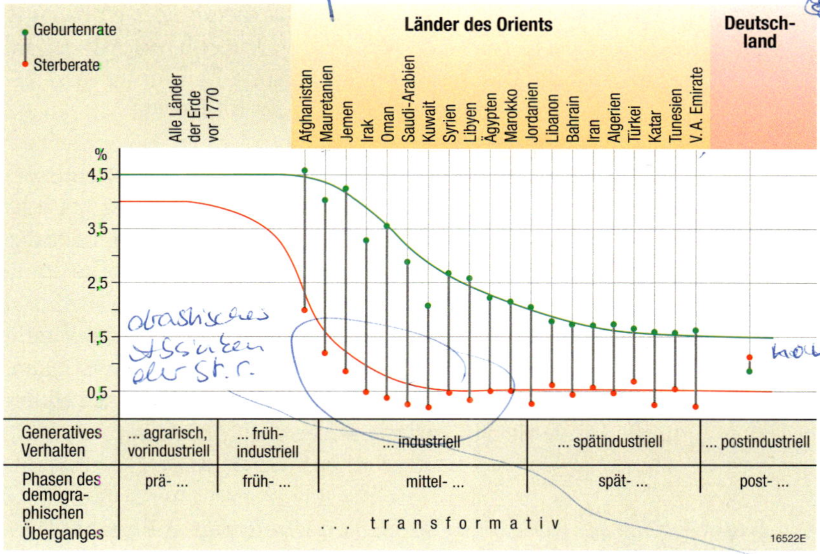

M 2: Demographischer Übergang der Länder Nordafrikas und Vorderasiens (Stand 2008)

sorge und Alterssicherung. Das generative Verhalten, das auf solchen kulturellen Handlungsmustern beruht, spielt bei der Geburtenrate eine wichtige Rolle: Es schlägt sich beispielsweise im Heiratsalter der Frauen nieder, bei der bewussten Familienplanung oder bei der durchschnittlichen Anzahl der Kinder pro Frau. Allerdings wird die demographische Analyse allein der Bevölkerungsdynamik nicht gerecht. In vielen Ländern verzerren Einflüsse wie Bürgerkriege (Algerien), Existenzkämpfe (Palästinensische Autonomiegebiete) oder eine intensive Migrationsdynamik (Marokko, Türkei) die Statistik.

Die demographische Entwicklung ist heute in vielen arabischen und Nahostländern zum bestimmenden politischen Faktor geworden. Die jüngsten Unruhen in Algerien wie auch vorangegangene Ausschreitungen in Marokko, Tunesien und Ägypten sind Beispiele dieser Entwicklung.

Das Bevölkerungsproblem in diesen Ländern wird von drei Merkmalen geprägt: ungezügeltes, rasches Wachstum, ungleiche geographische Verteilung und ein niedriges Ausbildungsniveau. Die Bevölkerung wächst sehr viel schneller als die Produktion von Industriegütern und Nahrungsmitteln, die staatlichen Ausbildungseinrichtungen halten nicht mehr Schritt. Die Folge sind Arbeitslosigkeit, Wohnungsknappheit und der Verfall handwerklicher und technischer Fertigkeiten. Das Problem wird noch erschwert durch die Ballung der Bevölkerung in den Großstädten.

M 3: Quellentext zur demographischen Entwicklung
Hillal Dessouki, A.: Die Zeit (1988)

Die Altersstruktur hat großen Einfluss auf Ökonomie, Politik und die sozialen Bedingungen einer Gesellschaft. Die Demographie stellt diese Problematik in Bevölkerungspyramiden dar. Ein repräsentatives Beispiel für die demographischen Verhältnisse in Nordafrika und Vorderasien ist die Bevölkerungspyramide Ägyptens, da die entsprechenden Kennzahlen denjenigen der Gesamtbevölkerung aller Staaten der Region entsprechen.

Eine einfachere Darstellung liefert die Einteilung und anteilsmäßige Bezifferung der Bevölkerung in drei Gruppen: vor dem Eintritt in das Be-

Bevölkerungspyramide
Stellt den Altersaufbau bzw. die Altersstruktur einer Bevölkerung oder Gesellschaft bildhaft dar. Auf der x-Achse ist die Anzahl der Personen eines bestimmten Jahrgangs getrennt nach Geschlecht aufgetragen, auf der y-Achse die Altersgruppen.

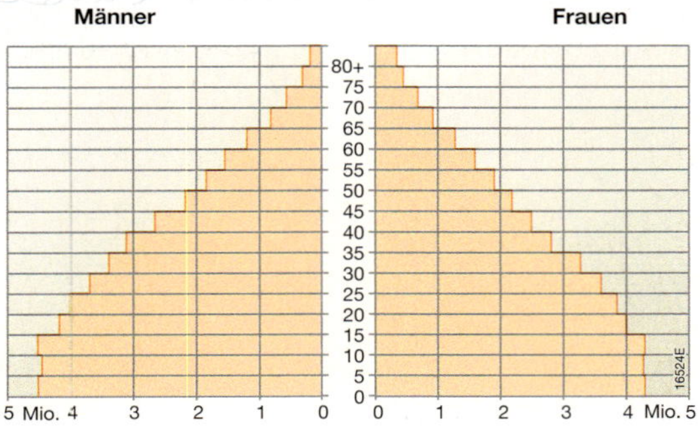

M 1: *Bevölkerungspyramide Ägypten für das Jahr 2010*

rufsleben (0 – 14 Jahre), arbeitende Bevölkerung (15 – 65 Jahre) und Bevölkerung im Ruhestand (über 65 Jahre). Diese grobe Einteilung lässt bereits grundlegende Aussagen über die Alterstruktur der Bevölkerung eines Landes zu. Eine stark wachsende Gesellschaft, bei der die Geburtenrate die Sterbeziffer bei weitem übersteigt und infolgedessen die jungen Jahrgänge immer stärker werden, erzeugt in der Graphik eine Pyramidenform. Dies ist bei Staaten wie Ägypten und der Türkei der Fall. Bleibt die Geburtenrate stabil und nimmt die Sterberate ab, entsteht eine Urnenform. Diese Form spiegelt Verhältnisse wieder, wie sie für die Zukunft der beiden genannten Länder prognostiziert werden.

M 2: Quellentext über das Bevölkerungswachstum in Ägypten
Hillal Dessouki, A.: Die Zeit (1988)

In Ägypten wächst die Bevölkerung sprunghaft. Fünfzig Jahre (von 1897 bis 1947) brauchte es, bis sich die Zahl der Ägypter von rund 10 auf fast 20 Millionen verdoppelt hatte. 1986, knapp 40 Jahre später, waren es schon fast 50 Millionen. Bei einer jährlichen Zuwachsrate von 2,3 Prozent vermehren sich die Ägypter alle zehn Monate um eine Million Menschen. Wenn dieser Trend anhält, werden es im Jahr 2000 insgesamt 70 Millionen sein. […] Vierzig Prozent der Bevölkerung ist nicht älter als 15 Jahre.

1. *Erklären Sie den Zusammenhang zwischen Bevölkerungszuwachs, Sterberate und Geburtenrate.*
2. *Welche Probleme können für Länder in Nordafrika und Vorderasien durch den Bevölkerungszuwachs entstehen?*
3. *Recherchieren und vergleichen Sie die demographischen Verhältnisse in den Ländern Nordafrikas und Vorderasiens mit Deutschland und Schweden. Verwenden Sie dazu die Daten der „Deutschen Stiftung Weltbevölkerung (DSW), www.weltbevoelkerung.de.*

Im Vergleich zu den europäischen Industriestaaten, denen statistisch gesehen die Überalterung droht, haben alle Staaten Nordafrikas und Vorderasiens eine relativ junge Bevölkerung. Hohe Werte in der Gruppe der über 65-Jährigen erreichen lediglich die Staaten Libanon und Tunesien (beide 7,2 Prozent) sowie Israel (zehn Prozent). Begründet werden diese Werte mit den politischen Zuständen und der daraus resultierenden Migration in diese Länder. Die höchsten Anteile an junger Bevölkerung unter 15 Jahren haben mit über 40 Prozent die Staaten Afghanistan, Jemen, Mauretanien und Oman. Beide Extreme – eine überalterte ebenso wie eine sehr junge Gesellschaft – erzeugen spezifische Probleme für das Gemeinwohl eines Staates.

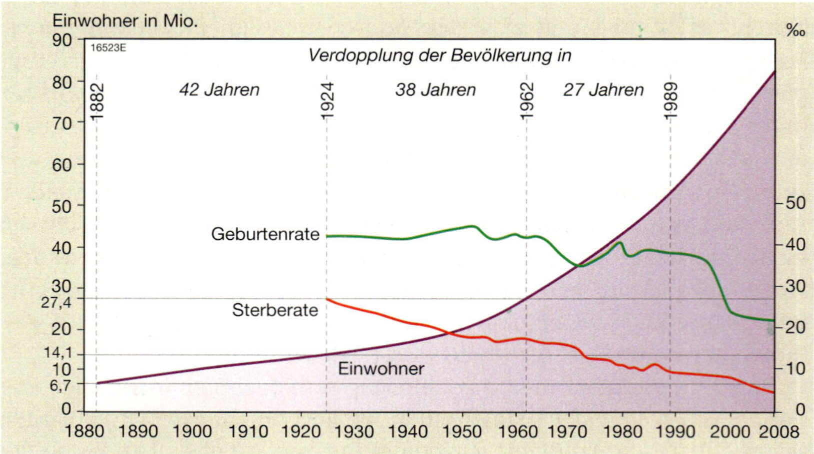

M 3: *Demographischer Übergang Ägypten bis 2008*

Was die Geburtenrate senkt
→ BILDUNG! (besonders der Frau) + Pille

3.4 Migration: Phänomen mit vielen Gesichtern

3.4.1 Ziele und Motive der Migranten

Wohnstandortwechsel und Auswanderung sind häufig Ausdruck von konkreten Überlebensproblemen. Für viele Menschen ist dies die einzige Lösung, um grundlegende ökonomische, soziale oder politische Probleme zu überwinden. In Nordafrika und Vorderasien dominieren die grenzüberschreitende Arbeits- und Fluchtmigration.

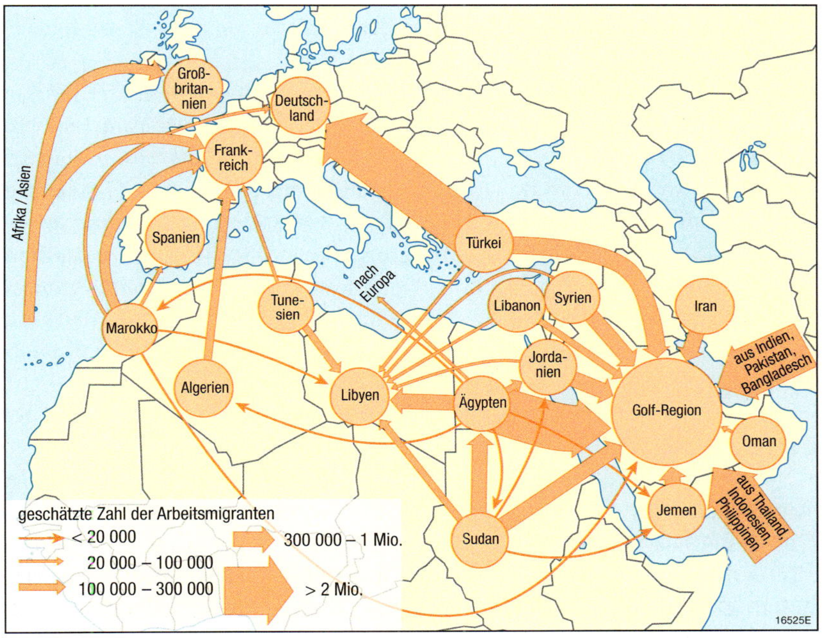

M 4: *Herkunfts- und Zielgebiete von Migranten aus Nordafrika und Vorderasien zu Beginn des 21. Jahrhunderts*

Die Gründe, die Menschen bewegen, ihren Geburtsort und ihre Heimat zu verlassen, sind vielfältig. Den Migranten geht es darum, an einem anderen, ihnen fremden Ort Geld zu verdienen, sich zu verwirklichen, in Sicherheit zu leben oder Zugang zu Bildung, Wissen und Gesundheit zu erhalten. Im 21. Jahrhundert ist das Phänomen der Migration zunehmend komplexer geworden. Aufgrund der Verbesserung der Reise- und Transportinfrastruktur und der permanenten Kommunikationsmöglichkeiten haben sich die Länder dieser Erde immer stärker vernetzt. So wird es immer schwieriger, zwischen begrenzter oder temporärer Wanderung und zwischen dauerhafter oder permanenter Migration zu unterscheiden. Auch die Wanderungsmotive – freiwillig oder erzwungen – können nicht immer eindeutig bestimmt werden. Heute stehen Gruppen- oder Kollektivwanderungen und Massenmigrationen, die meist in verwandtschaftlichen Zusammenhängen stattfinden, im Vordergrund, während Individualwanderungen eher historische Bedeutung haben.

Die Binnenmigration, die Wanderung von Menschen innerhalb eines Nationalstaates, findet man in allen Ländern Nordafrikas und Vorderasiens. Durch die ländliche Zuwanderung von Arbeitsuchenden in die

Migration

Migration ist der auf Dauer angelegte bzw. dauerhaft werdende Wechsel in eine andere Gesellschaft bzw. in eine andere Region von einzelnen oder mehreren Menschen.

Agglomeration
Eine intensive räumliche Ballung oder Verdichtung der Bevölkerung, von Wirtschaftseinrichtungen wie Fabriken sowie entsprechender technischer Infrastruktur

regionalen und ökonomischen Zentren, insbesondere in die Hauptstädte, wachsen die Einwohnerzahlen der Agglomerationen um ein Vielfaches an. Tausende von informellen Arbeitsmigranten warten jeden Morgen auf eine Beschäftigung in der Großstadt. Solche Verhältnisse trifft man insbesondere in den Metropolen Kairo, Teheran und Istanbul an sowie in allen anderen großen Zentren. Diejenigen, die eine langfristige Arbeit gefunden haben und ihren Lebensunterhalt sichern können, holen in den meisten Fällen Angehörige oder Freunde nach, die ebenfalls auf der Suche nach Arbeit sind. Das Nachholen von Verwandten und Freunden wird als Kettenmigration bezeichnet. Die Kettenmigration kann ein erhebliches Ausmaß annehmen und so zur Massenmigration werden. Die Menschen gleicher Herkunft siedeln sich häufig in gleichen Stadtvierteln an und erzeugen so eine Art reduziertes Abbild ihres Heimatdorfes in der Fremde. So ist auch das Phänomen zu erklären, dass bestimmte Ethnien oder Einwohner ganzer Dörfer in den Metropolen ganz bestimmte informelle Tätigkeiten ausüben und diese dominieren oder größtenteils in denselben Industriebetrieben arbeiten. Die organisatorischen Probleme der völlig übervölkerten Zentren werden dadurch noch verstärkt. In den meisten Ländern finden die Menschen auch in den Metropolen kein gesichertes Auskommen. So kommt es in der Folge zur grenzüberschreitenden Migration insbesondere in Länder, die im Ruf stehen, dass dort ausreichend Arbeit für jeden vorhanden ist.

M 1: *Afrikanische ‚boat people' an der Küste Spaniens*

Die nationale Grenzen überschreitende Migration aus den Ländern Nordafrikas und Vorderasiens in andere Staaten der Erde findet seit dem Ende des 19. Jahrhunderts statt. Sie begann, als die Christen der Levante, also der heutigen Staaten Libanon, Syrien und „Palästina", vor den Repressalien des Osmanischen Reichs in die Neue Welt flohen. Im letzten Drittel des 20. Jahrhunderts wurden dann die reichen Länder Europas, insbesondere die ehemaligen Kolonial- oder Protektoratsmächte, und die neureichen Staaten der Golfregion zu attraktiven Zielgebieten der Arbeitsmigration aus den Staaten Nordafrikas und Vorderasiens. Frankreich wurde zum bevorzugten Zielland für Migranten aus seinen ehemaligen Kolonien Marokko, Algerien und Tunesien. Eine wichtige Rolle spielte dabei die Sprachkompetenz und die Vertrautheit der Neuankömmlinge mit dem französischen Lebensstil. Später dehnte sich die marokkanische Migration in die Nachbarländer Belgien, Niederlande und Deutschland aus. In Deutschland verändert sich der Charakter dieser Migration seit Mitte der 1970er-Jahre durch den Nachzug von Familien und durch Bildungsmigration. Heute gibt es ungefähr zwei Millionen aus Marokko stammender Menschen, die – aus Europa kommend – jährlich in den Sommermonaten ihre Familien im Herkunftsland besuchen. Eine weitere wichtige Gruppe bilden die Migranten aus der Türkei, die seit den 1960er-Jahren anfangs über Arbeitsanwerbung, später im Zuge der Familienzusammenführung in großer Zahl nach Deutschland gekommen sind. Die Türken brachten eigene Sitten und Gebräuche mit und fügten damit als größte Migrantengruppe der deutschen Alltagskultur neue Elemente zu.

Die Migration aus Nordafrika und Vorderasien nach Europa hält weiter an, auch wenn die europäischen Staaten zunehmend juristische und technische Hürden errichten, um den inzwischen nicht mehr gewollten Zustrom zu unterbinden. Ein Beispiel für illegale, aber geduldete Migration sind die Zuwanderer ohne Reisepass oder Personalausweis und ohne Arbeitsgenehmigung, die in Frankreich als „sans papier" – Menschen ohne Papiere – bezeichnet werden. Auf allen möglichen Wegen und Umwegen – zu Land, zu Wasser und in der Luft – gelangen sie an ihr Ziel.

Völlig anders gestaltet sich die Arbeitsmigration in die Staaten der Golfregion und nach Libyen. Die Erdöl exportierenden Staaten benötigen nicht nur Arbeiter auf den Ölfeldern, sondern auch in anderen Bereichen wie Landwirtschaft, Industrie, Bildung und Verwaltung. Und so strömen die Menschen aus den bevölkerungsreichen Staaten wie Ägypten, Jordanien, Syrien, Iran und Sudan in diese Länder. Allerdings achtet man in Saudi-Arabien, Kuwait oder in den Golfstaaten darauf, dass die Arbeitsmigranten nicht zu dauerhaften Bewohnern werden, wie dies in Europa bereits geschehen ist. Viele Länder wie Saudi-Arabien, die Golfstaaten, Libanon, Jordanien und Syrien sind zu Zielgebieten für Frauen aus südostasiatischen Ländern wie Sri Lanka, den Philippinen, Thailand und aus afrikanischen Ländern wie Äthiopien geworden. Diese arbeiten dort häufig unter unmenschlichen Bedingungen als Haushaltshilfen. Die Länder des Maghreb dienen heute insbesondere den Menschen aus den zentralafrikanischen Staaten als Transitländer, um nach Europa zu gelangen. Allerdings erweisen sich die Außengrenzen der „Schengenstaaten" oftmals als tödliche Hürde. Illegale Reisende machen sich in untauglichen Booten auf den Weg über das Mittelmeer und ertrinken oder sie ersticken, versteckt in einem schlecht belüfteten Container auf einem Lastwagen. Doch die Meldungen über solche Todesfälle haben kaum abschreckende Wirkung. Ein Ende der illegalen Einwanderung nach Europa ist nicht in Sicht.

1. Suchen Sie für die aufgeführten Aspekte der Migration jeweils ein Beispiel und diskutieren Sie die Auswirkungen auf die Herkunfts- und Zielländer.

2. Argumentieren Sie als Anwalt eines illegalen Einwanderers (aus einem selbst gewählten Land Nordafrikas) gegen seine Abschiebung.

3. Nehmen Sie die Position eines Vertreters der Einwanderungsbehörde eines Zielgebietes ein und argumentieren Sie für Abschiebung und gegen weiteren Zuzug von bestimmten Migranten.

4. Stellen Sie die gesammelten Argumente einander gegenüber und formulieren Sie einen eigenen Standpunkt.

Schengenstaaten

Alle Staaten der Europäischen Union und weitere Länder Europas, die auf Grenzkontrollen an ihren gemeinsamen Grenzen verzichten. Geschlossen wurde dieses Abkommen in Schengen (Luxemburg).

M 2: *Ägyptische „sans papier" aus Sibrbay und ihre Wege nach Paris (2002)*

3.4.2 Palästina: Flucht als Dauerzustand

Die Proklamation des Staates Israel und der nachfolgende arabisch-israelische Konflikt provozierten die Flucht von Millionen Palästinensern aus ihren seit Jahrhunderten ererbten Wohn- und Wirtschaftsgebieten. Heute gelten mehr als ein Drittel der palästinensischen Bevölkerung als Flüchtlinge.

Im 21. Jahrhundert trifft man im Vorderasien auf den eigenartigen Fall einer Fluchtmigration, der nur sehr schwer verständlich ist. Seit über einem halben Jahrhundert leben Tausende von Palästinensern in Flüchtlingslagern – gewissermaßen als Flüchtlinge im eigenen Land. Eine Änderung dieses Zustands ist nicht abzusehen. Im Gegenteil: Eine Statistik des „Hilfswerks der Vereinten Nationen für Palästina-Flüchtlinge im Nahen Osten" (UNRWA) zeigt, dass sich die Zahl der international anerkannten palästinensischen Flüchtlinge und ihrer Nachkommen mehr als vervierfacht hat. Man beziffert heute das Volk der Palästinenser auf ungefähr 9,4 Mio. Menschen, von denen 3,7 Mio. als Vertriebene oder Flüchtlinge gelten. Zu den Flüchtlingslagern im Gazastreifen, der West Bank (Westjordanland), in Jordanien, dem Libanon und Syrien, die auf der nebenstehenden Karte zu sehen sind, kommen vertriebene Palästinenser in Saudi-Arabien (287 000), den USA (216 000), den Golfstaaten (152 000), Ägypten (58 000), anderen arabischen Ländern (113 000) und der restlichen Welt (275 000) hinzu.

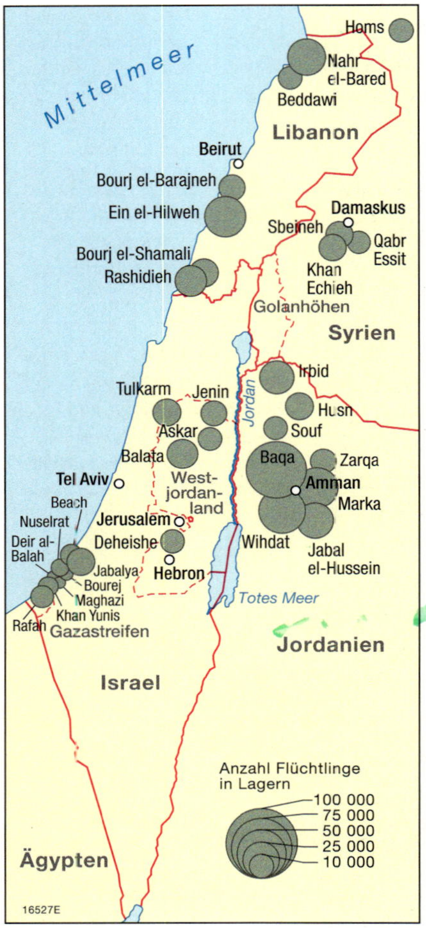

M 1: *Die palästinensischen Flüchtlingslager in Palästinensischen Autonomiegebieten und den Nachbarstaaten Israels*

Die ersten Palästinenser mussten ihre Heimat im Jahre 1948 verlassen, als der Staat Israel proklamiert wurde und in der Folge der erste israelisch-arabische Krieg ausbrach. Israel hatte die Hoheit über das neue Staatsgebiet von Großbritannien übernommen, das Palästina im Auftrag des Völkerbundes, einer Vorläuferorganisation der UNO, in Form eines so genannten „Mandates" verwaltete. Obwohl bereits zu Beginn der 1920er-Jahre im Mandatsauftrag des Völkerbundes für Großbritannien festgeschrieben war, dass die bürgerlichen und religiösen Rechte bestehender Gemeinschaften in Palästina durch die jüdischen Ansiedlungen nicht beeinträchtigt werden dürfen, entwickelten sich die politischen, ökonomischen und sozialen Verhältnisse völlig anders. Im Staatsgebiet von Israel leben etwa 7,3 Mio. Menschen, davon sind etwa 77 Prozent jüdischen Glaubens. Im Palästinensischen Autonomiegebiet Gazastreifen leben etwa 1,5 Mio. und im Gebiet Westbank etwa 2,5 Mio. Menschen, davon sind 83 Prozent Palästinenser. Die palästinensischen Flüchtlinge flohen nach Jordanien, Syrien, Libanon und vor allem in das Rest-Palästina, das heute als West Bank und Gazastreifen bezeichnet wird. Die Palästinenser wurden damit zu Flüchtlingen im eigenen Land. Während des Sechs-Tage-Krieges im Jahr 1967 flohen viele Palästinenser erneut aus den Lagern der West Bank. Hinzu kamen Flüchtlinge, die aufgrund des Krieges ihre Heimat verlassen mussten. Im Jahr 1973 zeigte sich eine ähnlich Situation in Zusammenhang mit dem Yom Kippur-Krieg.

Land/Gebiet	1950	1960	1970	1980	1990	2000	2001	2002	2003	2008
Jordanien	506	614	506	716	930	1570	1640	1679	1719	1931
Libanon	128	136	176	226	302	376	383	387	392	417
Syrien	82	115	159	209	281	383	392	401	410	457
West Bank	–	–	273	324	414	583	608	626	655	754
Gazastreifen	198	255	312	368	496	825	853	879	907	1060
Gesamt	914	1121	1425	1844	2423	3737	3875	3973	4082	4619

M 2: *Zahlen palästinensischer Flüchtlinge in Nachbarländern (Angaben in Tausend)*

Im Lauf der Jahrzehnte haben sich aus den Zeltlagern ansehnliche Stadtviertel mit regulärer Infrastruktur und formalen Steinhäusern entwickelt. Die meisten Flüchtlinge bleiben in den Lagern, weil alle Palästinenser weiterhin auf die Rückkehr in die Heimat hoffen, obwohl die Rahmenbedingungen mehr als schlecht sind. Die Repressionen des israelischen Staates verhindern in der Regel eine Rückkehr. Hilfszahlungen aus der Europäischen Union sind oftmals an den Wohnort im Lager gebunden. Und infolge ihres Flüchtlingsstatus genießen die Palästinenser in den Aufnahmeländern nicht die gleichen Rechte wie die einheimische Bevölkerung.

M 3: Quellentext über palästinensische Flüchtlinge
Elten, J. A.: Die Zeit (1967)

Der Flüchtlingsverkehr an der Allenby-Brücke hält unvermindert an. Er hat sich in der vergangenen Woche sogar verstärkt. Warum verlassen so viele Flüchtlinge israelisch besetztes Gebiet? Viele Palästinaflüchtlinge, die 1948, bei der Gründung des Staates Israel, heimatlos geworden sind, haben sich nicht mit einem Leben im Lager und auf Kosten der UNWRA, der Hilfsorganisation der UN, zufrieden gegeben. Vor allem jüngere Leute haben die Lager und Flüchtlingsdörfer in Westjordanien schon lange verlassen, sind in die ganze arabische Welt ausgeschwärmt, haben in den Ölgesellschaften, im Handel und in der Verwaltung weniger entwickelter arabischer Länder einträgliche Stellungen bezogen und jeden Monat an ihre Angehörigen Geld geschickt. Während der Flüchtlingsstrom anhält und sich das Elend der entwurzelten Menschen unter den Augen von Millionen Fernsehzu-

M 4: *Palästinensisches Flüchtlingslager*

schauern vollzieht, ist Israel im Begriff, die Sympathien der Weltöffentlichkeit zu verlieren, die es in den letzten Wochen so reichlich genoss. Der kleine, von einer Übermacht bedrängte (...)staat hat sich plötzlich in eine Besatzungsmacht verwandelt. Und Besatzungsmächte sind noch nie populär gewesen.

Fazit Kapitel 3

Die Gesellschaften in Nordafrika und Vorderasien sind heute noch in erheblichem Ausmaß segmentär geprägt und strukturiert. Die Beziehungen innerhalb von Familie und Clan spielen auf allen gesellschaftlichen Ebenen eine dominierende Rolle. Diese soziale Organisation spiegelt sich auch in der Bevölkerungsentwicklung wider – insbesondere bei der Geburtenrate – sowie in der ökonomischen und politischen Organisation der Staaten. Die autokratisch gelenkten Nationalstaaten sind von einer Mischung aus Kapitalismus und Sozialismus geprägt. Im 21. Jahrhundert kommt es in allen Staaten der Region zu einer verstärkten Hinwendung zum Islam und zum islamischen Fundamentalismus. Gleichzeitig etablieren sich in vielen Staaten Ansätze einer Zivilgesellschaft zwischen Staat, Ökonomie und Religion, die für westliche Werte wie Demokratie und Humanismus eintritt. Trotz solcher Entwicklungen sucht noch immer ein erheblicher Teil der Bevölkerung sein Glück in Migration, Wohnstandortwechsel und Auswanderung. Auf diese Weise versucht man, den konkreten ökonomischen, sozialen oder politischen Schwierigkeiten mit den herrschenden Verhältnissen am Geburts-, Arbeits- oder Wohnort zu entgehen.

Auch wenn die Bevölkerungsrate inzwischen in den meisten Staaten stagniert, benötigen die Länder Nordafrikas dringend Fortschritte bei der Umsetzung demokratischer und ökonomischer Reformen, um ein größeres Maß an politischer, sozialer und ökonomischer Gerechtigkeit zu erreichen. Nur so lässt sich auf Dauer eine weitere Radikalisierung und unkontrollierte Bevölkerungsentwicklung vermeiden.

1. *Vergleichen Sie die im Quellentext beschriebene Situation von 1967 mit der derzeitigen politischen Situation der palästinensischen Bevölkerung. Was hat sich verändert? Was ist gleich geblieben?*
2. *Fassen Sie die Problematik der palästinensischen Flüchtlingsbevölkerung mithilfe des Textes und der Materialien sowie aktueller Informationen aus Presse und Internet in einem Kurzvortrag zusammen.*

4 Zwischen Arm und Reich

Sauberes Trinkwasser, Schulbildung oder ärztliche Versorgung sind in vielen Regionen Nordafrikas und Vorderasiens nicht selbstverständlich. Das schafft nicht nur konkrete Probleme im Alltag der Menschen, sondern hemmt auch die Entwicklung der einzelnen Länder. Gleichzeitig existiert ein großes Wohlstandsgefälle: Während einige Staaten durch das Ölgeschäft zu großem Reichtum gekommen sind, haben andere nach wie vor mit schweren Entwicklungsdefiziten zu kämpfen. Die internationale Staatengemeinschaft hat es sich um Ziel gesetzt, die Betroffenen bei der Überwindung dieser Defizite zu unterstützen.

4.1 Entwicklung als messbare Größe

4.1.1 Maßzahlen und Indizes im Vergleich

M 1: *Amartya Sen: Der aus Indien stammende Wirtschaftswissenschaftler erhielt 1998 den Nobelpreis für Wirtschaft für seine „grundlegenden theoretischen Beiträge zur Wohlfahrtsökonomie u. a. in Entwicklungsländern“.*

Die Notwendigkeit menschlicher Entwicklung wird kaum noch bestritten. Man spricht von „unterentwickelten“ Ländern, denen man „Entwicklungshilfe“ leisten muss. Das gilt auch für viele Länder des altweltlichen Trockengürtels. Doch die Frage, was Entwicklung genau bedeutet, ist nicht leicht zu beantworten.

Je nachdem, welche Kriterien herangezogen werden und wie diese bewertet werden, ergeben sich unterschiedliche Definitionen menschlicher Entwicklung. Oft wird Entwicklung mit wirtschaftlichem Wachstum gleichgesetzt. Die Definition der Weltbank, die sich auf das Bruttoinlandsprodukt (BIP) eines Landes stützt, zielt in diese Richtung. Diese Betrachtungsweise stellt aber lediglich eine Perspektive dar. Menschliche Entwicklung sollte die Verbesserung der Lebensbedingungen insgesamt beinhalten, nicht nur die ökonomischen Verhältnisse. Was aber sind gute Lebensbedingungen? Hat nicht jeder Mensch eigene Vorstellungen davon, was er oder sie zum Leben braucht? Kann es so etwas wie eine allgemeingültige Definition von Lebensqualität und Entwicklung überhaupt geben?

Eine Definition ist immer davon abhängig, wer sie aufstellt und welche Kriterien im Vordergrund stehen. Bei der Suche nach einer allgemeinverbindlichen Formel geht es folglich darum, das Gemeinsame aus unterschiedlichen Vorstellungen herauszufiltern und Kriterien auszuwählen, die auf alle Menschen unabhängig von Sprache, Religionszugehörigkeit, Geschlecht oder Herkunft zutreffen. Die UNO hat versucht, eine solche allgemeinverbindliche Definition aufzustellen. Auf dieser Basis haben die Wirtschaftswissenschaftler Mahbub ul Haq und Amartya Sen eine Maßzahl zur Messung der menschlichen Entwicklung entworfen – den Human Development Index (HDI). Er wird seit 1990 jährlich für über 170 Länder ermittelt und im jeweiligen Human Development Report veröffentlicht.

Weltbank

Die Weltbank ist eine Sonderorganisation der UNO. Sie wurde am 27.12.1945 gegründet und hat ihren Sitz in Washington. Ursprünglich hieß sie Internationale Bank für Wiederaufbau und Entwicklung. Ihre Aufgaben sind die Förderung der wirtschaftlichen Entwicklung und des Lebensstandards.

M 2: Quellentext zu den Zielen menschlicher Entwicklung
ul Haq, M.: Human Development Reports (Website der UNDP)

The basic purpose of development is to enlarge people's choices. People often value achievements that do not show up at all, or not immediately, in income or growth figures: greater access to knowledge, better nutrition and health services, more secure livelihoods, security against crime and physical violence, satisfying leisure hours, political and cultural freedoms and sense of participation in community activities.

Um etwas messen zu können, benötigt man zunächst einmal verbindliche Daten, die einen Vergleich ermöglichen. In den HDI gehen drei Faktoren ein: die Lebenserwartung, der Bildungsstand und die Kaufkraft. Soll die menschliche Entwicklung gemessen werden, muss ein Weg gefunden werden, die genannten Faktoren in Zahlen umzuwandeln. Diese Zahlen werden Indikatoren genannt. Der Indikator Lebenserwartung wird in Jah-

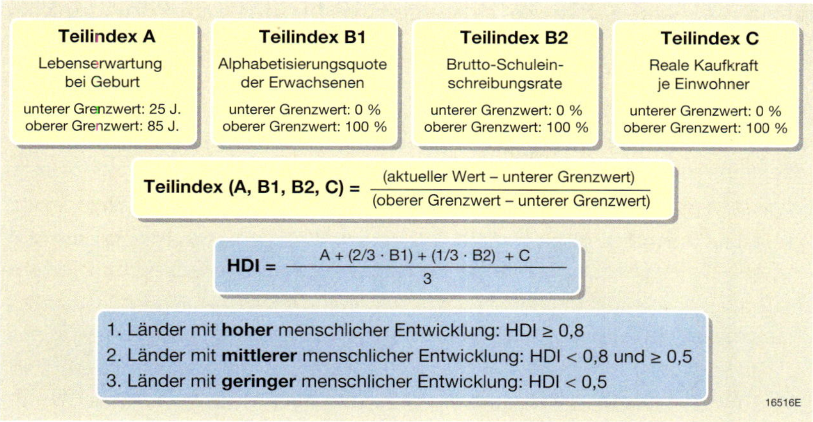

M 3: *Berechnung des HDI*

ren zum Geburtszeitpunkt berechnet. Seine Höhe hängt von mehreren Kriterien ab: Wie gut ist die hygienische und medizinische Versorgung? Gibt es genügend Ärzte und Krankenhäuser? Sind Medikamente in ausreichender Menge vorhanden und können sich die Menschen diese leisten? Darüber hinaus wird erhoben, welche Krankheiten wie stark verbreitet und welche Impfungen Standard sind. Auch die Qualität der Arbeitsbedingungen spielt beim Faktor Lebenserwartung eine Rolle: Hier geht es beispielsweise um die Frage, ob die Menschen an ihrem Arbeitsplatz Giften oder anderen gesundheitsgefährdenden Bedingungen ausgesetzt sind.

Das zweite Kriterium, die Bildung, setzt sich aus zwei Indikatoren zusammen: der Alphabetisierungsquote – das ist die Prozentzahl der Erwachsenen, die lesen und schreiben können – und der Einschulungsquote: Hier wird berechnet, wie viel Prozent der Kinder eingeschult werden. Der dritte Indikator, die Kaufkraft, wird berechnet, indem man das Bruttoinlandsprodukt durch die Einwohnerzahl dividiert. Bei der Berechnung der „realen" Kaufkraft wird zusätzlich das Preisniveau des Landes mit eingerechnet, um den tatsächlichen Wert – wie viele Güter oder Dienstleistungen können mit dem Geld erworben werden – zu ermitteln.

Der HDI kann Werte zwischen 0 und 1 annehmen. Je größer dieser Wert ist, also je näher er an der Zahl 1 liegt, desto höher ist der Entwicklungsstand. Zusätzlich wird noch ein geschlechtsbezogener Index (GDI) berechnet. Auf diese Weise kann der Entwicklungsstand der weiblichen Bevölkerung gesondert betrachtet und mit dem der männlichen Bevölkerung verglichen werden. Dieser Vergleich kann Aufschluss darüber geben, wie groß die Diskrepanz ist zwischen Anspruch und Wirklichkeit bezüglich der Gleichstellung der Geschlechter in einem Land.

Die Ausagen des Human Development Reports (HDR) zum Entwicklungsstand der untersuchten Länder beschränken sich jedoch nicht auf den Human Development Index. Der HDR beantwort auch Fragen, die über die Kriterien des HDI hinausgehen: Wovon hängt es ab, ob ein Kind eingeschult wird? Hängt der Schulbesuch vom Einkommen der Eltern ab? Haben Mädchen die gleiche Chance eingeschult zu werden wie Jungen? Wie lange bleiben die Kinder in der Schule? Gibt es auch in ländlichen Regionen genügend Schulen und Lehrer? Wie sind die Schulen ausgestattet? Den Faktor Lebenserwartung betreffend macht der HDR Angaben darüber, wie hoch die Wahrscheinlichkeit ist, maximal 40 oder 60 Jahre alt zu werden, wie viele Einwohner Zugang zu sauberem Trinkwasser haben, wie viele Kinder von Untergewicht betroffen sind und wie viele Einwohner insgesamt unterernährt sind. Zudem wird erfasst, wie viele Geburten ohne Ärzte oder Hebammen stattfinden, wie viele Ärzte es insgesamt gibt und wie viele Kinder geimpft werden.

M 1: Quellentext zur ökonomischen Entwicklung in arabischen Ländern
Huhn, K.; Vorholz, F.: Zeit Online (2009)

Schon bisher sind die Segnungen der Globalisierung an vielen Ländern der Krisenregion vorbeigegangen. „Die gehören zu den Absteigern", sagt Franz Nuscheler, Professor für vergleichende und internationale Politik an der Universität Duisburg. Tatsächlich haben sich in den neunziger Jahren die ökonomischen Verflechtungen aller Ländergruppen intensiviert; doch ausgerechnet die 17 von den Vereinten Nationen als „arabisch" etikettierten Länder blieben davon unberührt. Nach Angaben des UN-Entwicklungsprogramms (UNDP) sank dort zwischen 1990 und 1999 der Anteil der Waren- und Dienstleistungsimporte am Inlandsprodukt von 40 auf 30 Prozent, während die entsprechende Relation beim Export von 40 auf 34 Prozent schrumpfte. Zwar ist die Abkopplung auch Ausdruck dafür, dass vor allem in den Öl exportierenden Staaten eigene Industrien entstanden sind und deshalb die zum Teil extreme Abhängigkeit vom Außenhandel sank. Gleichwohl: Während sich Malaysia, Thailand und China in den vergangenen zehn Jahren stärker in den Weltmarkt integrierten und Fortschritte bei der Armutsbekämpfung verbuchen konnten, stagniert die Zahl der armen Menschen im Mittleren Osten und in Nordafrika. Die Region droht zum Paria der Globalisierung zu werden. […]

Ohne Erfolge im Kampf gegen die Armut droht der vom Westen geschmiedeten Allianz gegen den Terrorismus Gefahr. Zwar wäre es naiv und falsch, eine direkte Beziehung zwischen Armut und Terrorismus herzustellen, sagt der Dritte-Welt-Forscher Nuscheler. Doch könne Armut, gepaart mit dem ständigen Gefühl politischer Ohnmacht, einen Nährboden für Extremismus jeglicher Art bilden […]. Schnell drängt sich dann die Schlussfolgerung auf: „Die anderen sind schuld."

Dass viele orientalische Staaten eine so miserable ökonomische Bilanz vorweisen, hat vor allem hausgemachte Ursachen. „Es fehlen unternehmensfreudige Unternehmer", sagt Nuscheler. Seine Erklärung der Unterentwicklung: Erstens lähme eine aufgeblähte Bürokratie die Eigeninitiative. Zweitens herrsche ein auf Handelsaktivitäten basierender „Rentier-Kapitalismus". Und drittens lege man das schnell verdiente Geld zwecks Wertsicherung lieber in Schmuck oder Prunkbauten an, als es in Produktionsunternehmen zu investieren.

1. *Erstellen Sie eine eigene Liste von Kriterien, die nach Ihrer Meinung gute Lebensbedingungen charakterisieren.*
2. *Welche Kriterien sollten Ihrer Meinung nach noch unbedingt in den HDI einbezogen werden und welche Indikatoren könnten ihrer Meinung nach noch zur Beschreibung dieser Kriterien herangezogen werden?*
3. *Suchen Sie in der aktuellen Medienberichterstattung oder im Internet nach Artikeln, die sich mit Ländern der beschriebenen Region auseinandersetzen. Welche Kriterien werden den Ländern zugeschrieben?*

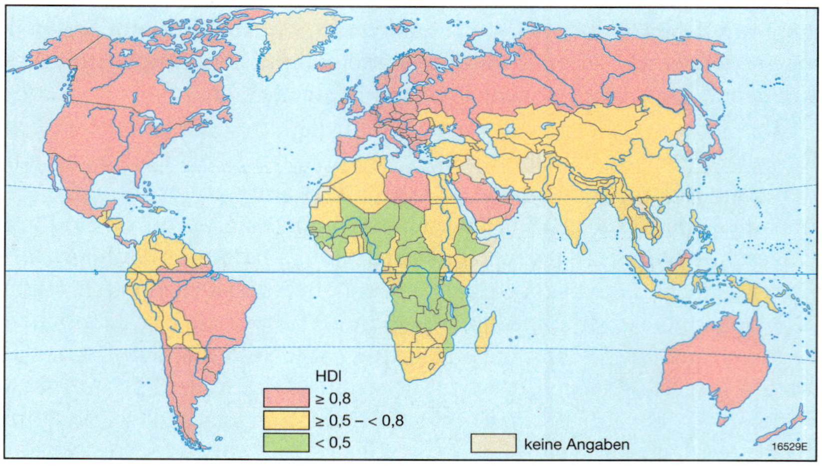

M 2: *Der HDI der Länder der Welt*

4.1.2 Regionale Entwicklungsdefizite

Neben dem HDR veröffentlicht die UNO regelmäßig Berichte, in denen die Situation in einzelnen Regionen genauer dargestellt wird. Diese Berichte sind differenzierter und tragen den kulturellen Unterschieden Rechnung.

Viele Länder Nordafrikas und Vorderasiens werden als Entwicklungsländer bezeichnet. Damit ist gemeint, dass diese Staaten noch nicht den Entwicklungsstand der führenden Industrienationen erreicht haben. So weisen lediglich die Länder Libyen, Saudi-Arabien, Oman, Kuwait, Bahrain, das Emirat Katar und die Vereinigten Arabischen Emirate einen HDI größer als 0,80 auf. Das bedeutet jedoch nicht, dass es in diesen Ländern keine Entwicklungsdefizite gibt. So hat beispielsweise Saudi-Arabien einen HDI von 0,812, der geschlechtsbezogene Index GDI beträgt jedoch nur 0,783. Die Differenz zwischen beiden Werten deutet darauf hin, dass Frauen bei Bildung, Einkommen und Lebenserwartung benachteiligt sind. Typische Anzeichen für das Vorhandensein von Entwicklungsdefiziten sind ein schwaches Gesundheitssystem, fehlende Bildung oder eine hohe Analphabetenrate. Aus westlicher Perspektive stellt neben der mangelhaften Gleichberechtigung zwischen Männern und Frauen vor allem das große Wohlstands- und Entwicklungsgefälle zwischen ländlichen und städtischen Regionen ein erhebliches Problem dar.

Um der besonderen Situation in den arabischen Ländern gerecht zu werden, veröffentlichen die Vereinten Nationen seit 2002 einen gesonderten Arab Human Development Report (AHDR). Der AHDR ist bislang viermal erschienen; die einzelnen Ausgaben haben jeweils unterschiedliche Schwerpunkte und beschäftigen sich mit speziellen Themen und Problemen der arabischen Welt. Die Titel der bisherigen Berichte lauten: Creating Opportunities for Future Generations (2002), Building a Knowledge Society (2003), Towards Freedom in the Arab World (2004) und Towards the Rise of Women in the Arab World (2005). Der aktuelle Bericht, der AHDR 2008, wird den Titel ‚Human Security in the Arab World' tragen. Die regionalen Entwicklungsberichte sind nicht das einzige Werkzeug, um die weltweiten Entwicklungsdefizite zu mindern. Im Jahr 2000 hat die UNO anlässlich des UN-Millenniumsgipfels acht „Millenniums-Entwicklungsziele" definiert, die bis 2015 umgesetzt werden sollen. Viele Experten bezweifeln jedoch mittlerweile, dass dieser Termin eingehalten werden kann. Die bisherige Entwicklung hinkt dem Zeitplan deutlich hinterher. In einigen Bereichen wurden sogar Rückschritte verzeichnet.

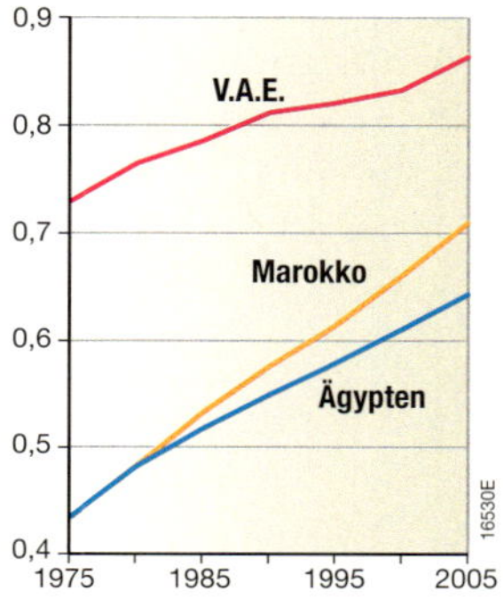

M 2: *Der HDI in Marokko, den Vereinigten Arabischen Emiraten und Ägypten seit 1975*

Millenniums-Entwicklungsziele

- **Ziel 1:** Beseitigung der extremen Armut und des Hungers
- **Ziel 2:** Verwirklichung der allgemeinen Primarschulbildung
- **Ziel 3:** Förderung der Gleichstellung der Geschlechter und Stärkung der Rolle der Frauen
- **Ziel 4:** Senkung der Kindersterblichkeit
- **Ziel 5:** Verbesserung der Gesundheit von Müttern
- **Ziel 6:** Bekämpfung von HIV/AIDS, Malaria und anderen Krankheiten
- **Ziel 7:** Sicherung der ökologischen Nachhaltigkeit
- **Ziel 8:** Aufbau einer weltweiten Entwicklungspartnerschaft

M 3: *Die UN-Millenniums-Entwicklungsziele*

4.2 Bildung als Menschenrecht

Bildung gilt als Schlüssel zu Entwicklung, Wohlstand und politischer Stabilität. Eine der zentralen Forderungen der UN-Millenniums-Entwicklungsziele lautet deshalb, allen Kindern zumindest eine Grundschulausbildung zu ermöglichen.

M 1: *Schule im Jemen: Oft sind die Lehrstätten schlecht ausgestattet.*

Die Folgen für die Menschen, die nicht lesen und schreiben können, sind weitreichend: Sie können keine Zeitung und keine Wahlplakate lesen, keine Gebrauchsanweisungen und auch keine Verträge. Generell gilt, dass Menschen, die weder lesen noch schreiben können, in einer modernen Welt kaum oder nur bedingt anschlussfähig sind. In Marokko etwa beträgt die Alphabetisierungsrate nur 50,7 Prozent. Oft gehen die Kinder nicht lange oder nicht regelmäßig genug zur Schule, um ausreichend lesen und schreiben zu lernen. Weil das Einkommen der Eltern nicht reicht, um die Familie zu ernähren, sind viele Kinder schon von früh auf gezwungen zu arbeiten, statt zur Schule zu gehen. Hinzu kommt, dass auch viele Erwachsene nicht lesen und schreiben können und deshalb nicht einsehen, warum ihre Kinder diese Fähigkeit erwerben sollten. Auch religiöse und kulturelle Vorbehalte können den Schulbesuch verhindern.

Alphabetisierungsrate
Die Alphabetisierungsrate beschreibt, wie viele Menschen in einem Land lesen und schreiben können. Für gewöhnlich wird die Alphabetisierung durch den Anteil der über 15-Jährigen, die lesen und schreiben können, ausgedrückt.

Doch selbst wenn die Kinder eine Schule besuchen, ist nicht gewährleistet, dass sie dort lesen und schreiben lernen. In Marokko werden in vielen Gegenden Berbersprachen gesprochen, in den Schulen wird jedoch auf Arabisch unterrichtet. Kinder, die zuhause kein Arabisch gelernt haben, sind dadurch benachteiligt, zumal Französisch nach wie vor zweite offizielle Amtssprache ist. Solche Probleme existieren nicht nur in Marokko, sondern auch in vielen anderen Ländern der Region. Indigene Sprachen konkurrieren mit der Sprache der ehemaligen Kolonialherren.

In den meisten Regionen Nordafrikas und Vorderasiens sind Schulen und Universitäten nicht gleichmäßig über das Land verteilt. Gerade in den ländlichen Gebieten sind große Entfernungen häufig der Grund dafür, dass die Kinder nicht oder nur für kurze Zeit zur Schule gehen. In Marokko liegen die größeren Städte im westlichen Teil des Landes. Dort sind Schulen meist in ausreichender Zahl vorhanden und gleichmäßig über das Land verteilt. Anders sieht es in den ländlichen Gebieten aus. Sofern überhaupt Schulen existieren, gibt es dort zu wenige Lehrer und die Klassen sind zumeist überfüllt. Auch die Universitäten sind nach westlichen Standards häufig unzureichend ausgestattet. Computerarbeitsplätze, Drucker, Kopierer und gut bestückte Bibliotheken sind keineswegs selbstverständlich.

Doch es gibt auch Fortschritte. Immer öfter gehen einheimische Universitäten Partnerschaften mit nordamerikanischen oder europäischen Hochschulen ein. Die Studenten erhalten so die Chance, ein Auslandssemester in einem der Partnerländer zu verbringen. Das Studium wird internationalisiert, das Curriculum an bestehende Standards angepasst. Die Studierenden werden so auf eine Zukunft in einer globalisierten Welt vorbereitet. Die zunehmende Internationalisierung des Bildungswesens schafft vielfältige Vernetzungen, sowohl ökonomisch als auch politisch und institutionell. In Kairo gibt es beispielsweise neben den staatlichen Universitäten eine deutsche und eine amerikanische Universität. Auch Dubai verfügt über eine amerikanische Universität.

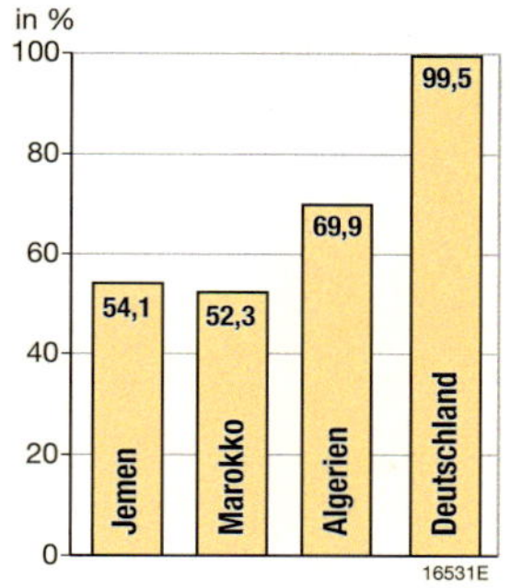

M 2: *Alphabetisierungsrate in Jemen, Marokko und Algerien im Vergleich zu Deutschland (2006)*

Mehr als 30 km vor Kairo liegt ein Kleinod der ägyptischen Bildungslandschaft: die Deutsche Universität von Kairo (GUC), eine Institution, die vor fünf Jahren von den Universitäten Ulm und Stuttgart mitbegründet wurde und seither vom Wissenschaftsministerium Baden-Württemberg und dem Bundesbildungsministerium unterstützt wird. An der GUC studieren junge Ägypter – fast die Hälfte davon Frauen – Fächer wie Pharmazie, IT, modernes Management und Ingenieurwissenschaften.

„Wer bei uns studiert, gehört zu den Besten der Besten", sagt GUC-Kanzler Essam Hamouda. Und zu den Betuchten. Denn das Studium kostet im Jahr zwischen 5 000 und 7 500 Euro, wobei das Schulgeld umso geringer ist, je besser die Noten ausfallen. Wer an der GUC seinen Abschluss macht, auf den warten national und international exzellente Karrierechancen, wirbt die Uni auf ihren Webseiten. Ein neuer Industriepark mit drei großen Hallen mit einer Gesamtfläche von 5 000 m² entsteht derzeit an der Uni; dazu gehören Arbeitsplätze für CAD/CAM, Labors für Materialuntersuchungen, Klassenräume und Büros. In Halle 2 hat Deckel-Maho-Gildemeister (DMG) zehn Werkzeugmaschinen installiert.

M 3: Quellentext – die Deutsche Universität in Kairo
Friedl, C.: Maschinenmarkt – das Industrieportal (2009)

1. *Wie schätzen Sie die Zahlen in M 2 ein? Denken Sie, dass dies der reale Stand ist?*
2. *Recherchieren Sie, wie viele unterschiedliche Sprachen in den verschiedenen Ländern Nordafrikas und Vorderasiens gesprochen werden und diskutieren Sie die daraus resultierenden Nachteile.*
3. *Schauen Sie sich im Internet die Homepages marokkanischer Universitäten an. Suchen Sie zum Vergleich die Homepage einer deutschen Hochschule. Was fällt Ihnen auf?*
4. *Welche Interessen verfolgen europäische und amerikanische Universitäten, die Dependenzen in der arabischen Welt errichten?*

Länder mit überwiegend staatlichem Hochschulwesen	Länder in denen privates Hochschulwesen aus strategischen Gründen zunimmt	Länder mit privatem und staatlichem Hochschulwesen	Länder mit überwiegend privatem Hochschulwesen
Algerien, Irak, Katar, Libyen, Saudi-Arabien, Tunesien	Ägypten, Bahrain, Kuwait, Marokko, Oman, Syrien, VAE	Jemen, Jordanien	Libanon, Palästina, Dubai

M 4: *Das Hochschulsystem in ausgewählten Ländern Nordafrikas und Vorderasiens*

4.3 Gesundheit – Basis für Entwicklung

Medizinische Versorgung stellt in zahlreichen Ländern des altweltlichen Trockengürtels ein Problem dar. Unter den Folgen haben besonders Mütter und Kinder zu leiden.

M 1: Quellentext zur Situation in einem libyschen Krankenhaus

Rose, K.; Kissenkötter, S.: aerzteblatt-studieren.de (2005)

Die Zustände im Krankenhaus sind nahezu kaum mit Deutschland vergleichbar. Abgesehen von […] den 8 – 12 Bett Zimmern mit einfachen Pritschen, dem vielen Sicherheitspersonal und vielem mehr, fehlt neben der Hygiene besonders das, was man im Krankenhaus vermuten sollte: Medikamente, Verbandmaterial und sogar Nadel und Faden müssen zunächst von den Angehörigen aus umliegenden Apotheken besorgt werden, bevor der Arzt behandeln kann!!!

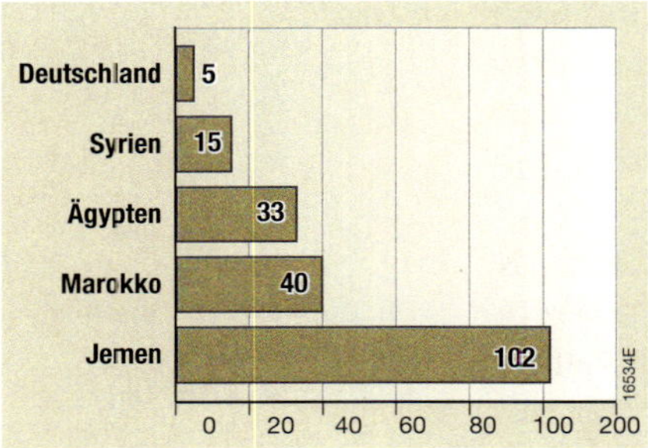

M 2: *Anzahl der Kinder, die vor ihrem fünften Geburtstag sterben (pro 1 000 Lebendgeburten) in ausgewählten Ländern (2006)*

Viele Länder Nordafrikas und Vorderasiens verfügen nur über ein unzureichendes Gesundheitssystem. Während in den großen Zentren Krankenhäuser und ausgebildete Ärzte zur Verfügung stehen, sind die ländlichen Regionen häufig nicht ausreichend versorgt. Wenn Kliniken vorhanden sind, herrschen dort mitunter kaum vorstellbare Zustände. Ein typisches Beispiel ist die bisweilen dramatische Situation im Jemen. In den staatlichen Gesundheitseinrichtungen fehlt es oft an sauberem Wasser und an einem funktionierenden Abwassersystem. In vielen Krankenhäusern gibt es keinen Strom und kein Telefon. Häufig mangelt es an Personal, Medikamenten und technischer Ausstattung wie Röntgengeräten oder Laboren. Generell ist die Versorgung in den ländlichen Gebieten wesentlich schlechter als in der Stadt. So befinden sich beispielsweise im Gouvernement Amran alle Krankenhäuser im städtischen Teil der Region; die medizinische Versorgung im ländlichen Teil wird von sogenannten Gesundheitszentren übernommen. Diese sind kleiner und schlechter ausgestattet. Auch eine unzureichende Infrastruktur kann die medizinische Versorgung der Bevölkerung beeinträchtigen. Nicht asphaltierte Straßen behindern das Vorankommen und verlangsamen so die Krankentransporte. Ähnliche Verhältnisse finden sich überall in den nur teilweise erschlossenen ländlichen Gegenden Nordafrikas und Vorderasiens.

Der Welthungerindex

Der WHI wurde von der Welthungerhilfe aufgestellt. Er setzt sich zusammen aus dem Anteil der Unterernährten an der Bevölkerung, dem Anteil der Kinder unter fünf Jahren mit Untergewicht und der Sterblichkeitsrate von Kindern unter fünf Jahren.

WHI	bis 4,9 (wenig Hunger)	5,0 bis 9,9 (mäßig)	10,0 bis 19,9 (ernst)	20,0 bis 29,9 (sehr ernst)
niedrigeres Einkommen				Jemen
niedrigeres bis mittleres Einkommen	Ägypten Iran Jordanien Syrien Tunesien	Algerien Marokko		
gehobenes mittleres Einkommen	Libyen Türkei			
hohes Einkommen	Kuwait Saudi-Arabien			

16536E

M 3: *Der WHI für ausgewählte Länder in Nordafrika und Vorderasien*

Die Folgen eines unzureichenden Gesundheitssystems bekommen besonders Kinder und werdende Mütter zu spüren. Sie leiden besonders schnell unter Mangelerscheinungen und sind anfälliger für Krankheiten. Dies ist ein Grund für die hohe Kindersterblichkeit in den Ländern Nordafrikas und Vorderasiens. Dabei wirken viele Faktoren zusammen: Ist die werdende Mutter unterernährt oder hat sie Mangelerscheinungen, wirkt sich das schon während der Schwangerschaft auf den Gesundheitszustand des Kindes aus. Auch die Bedingungen während der Geburt spielen eine Rolle. Im Jemen finden nur 27 Prozent der Geburten in Anwesenheit von ausgebildetem Personal wie Ärzten oder Hebammen statt. Das erhöht das Risiko von Komplikationen. Wenn kein Wasser vorhanden ist oder die hygienischen Verhältnisse unzureichend sind, steigt zudem die Infektionsgefahr.

Auch Krankheiten wie AIDS, Tuberkulose oder Malaria stellen eine Bedrohung für die Kinder dar. Die Krankheiten haben weitreichende Folgen: Wenn die Eltern krank sind oder sterben, sind die Kinder oft auf sich selbst gestellt und können nicht mehr in die Schule gehen. In zahlreichen Ländern des altweltlichen Trockengürtels fehlen Medikamente und Impfstoffe, so dass Infektionen nicht oder nur unzureichend bekämpft werden können, auch wenn der Stand der Medizin dies im Prinzip ermöglichen würde.

Zwar ist die Ernährungslage nicht überall in der Region bedenklich, doch leiden beinahe alle Länder Nordafrikas und Vorderasiens unter Wasserknappheit. Im **Jemen**, einem der wasserärmsten Länder der Welt, ist die Situation besonders gravierend. Gleiches gilt für die Ernährungslage. Die Zahl der Kinder mit Mangelerscheinungen hat seit 1990 ständig zugenommen, fast die Hälfte ist untergewichtig. Viele sind in ihrem Wachstum gehemmt. Die Verhältnisse verursachen nicht nur persönliches Leid, sondern wirken sich auch nachteilig auf die Entwicklung des Landes aus. Infolge der Unterernährung sinkt die Leistungsfähigkeit. Viele sind nicht in der Lage, für sich selbst zu sorgen. Nicht nur die Wasserknappheit macht den Menschen zu schaffen; Probleme bereitet auch die Beseitigung des Abwassers, das oft ungeklärt abläuft. Auf diese Weise wird das Trinkwasser kontaminiert. Auch Nahrungsmittel sind betroffen. Wenn das Abwasser ungeklärt an Orten ins Meer geleitet wird, wo die Fischer ihre Netze auswerfen, ist auch der Fang belastet. Werden die Fische verzehrt, drohen Krankheiten. Besonders bedrohlich ist die Situation in der jemenitischen Stadt Al Shehr: Hier sind zwei von sieben Brunnen versiegt. Die übrigen sind mit Salzen belastet. Zudem ist das Leitungsnetz marode, so dass nicht einmal zwei Drittel des eingespeisten Wassers in den Haushalten ankommen. Auch das Abwasser läuft nicht mehr ab, sondern steht in den Straßen. Schwere gesundheitliche Risiken für die Einwohner Al Shehrs sind die Folge: Verunreinigtes Trinkwasser oder der Kontakt mit Abwässern verursachen 55 Prozent aller Krankheiten bei Erwachsenen, bei Kindern sind es sogar 77 Prozent. Dazu zählen Durchfall, Nierenerkrankungen, Typhus und Malaria. Verschlimmert wird die Situation durch den schlechten Zustand der sanitären Ausstattung. Auch hier droht die Übertragung von Krankheiten. In den ländlichen Gebieten hat nur etwa ein Drittel der Menschen Zugang zu sanitären Einrichtungen, die als unbedenklich klassifiziert werden können.

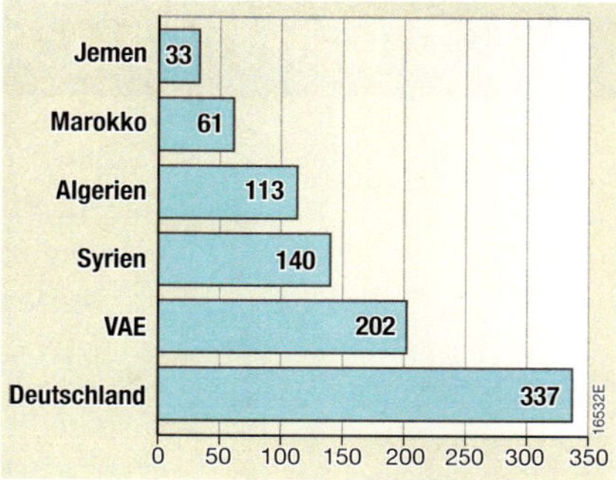

M 4: *Anzahl der Ärzte je 100 000 Einwohner in ausgewählten Ländern (2006)*

Kindersterblichkeit

Unter Kindersterblichkeit versteht man die Rate der Kinder, die in ihrem ersten Lebensjahr sterben. Oft wird aber auch die Kindersterblichkeit bis zum fünften Geburtstag betrachtet.

1. *Diskutieren Sie die gesellschaftlichen Konsequenzen einer regional unausgewogenen medizinischen Versorgung.*
2. *Beschreiben Sie den Einfluss der Wasserproblematik auf die Gesundheitssituation eines Landes und diskutieren Sie alternative Vorgehensweisen.*

4.4 Die zwei Gesichter des Reichtums

In einigen Ländern der Region haben Bodenschätze und Ölfunde zu raschem wirtschaftlichen Wachstum geführt. Das sorgt für einen stetigen Zustrom von Menschen aus ärmeren Staaten. Die Arbeitsmigranten wollen ebenfalls vom Aufschwung der reichen Länder profitieren. Doch die Chancen dafür stehen schlecht.

M 1: *Dubai – die „größte Baustelle der Welt"*

Trotz aller Defizite gibt es in Nordafrika und Vorderasien auch Beispiele für rasche und weitreichende Entwicklungsfortschritte. So haben die Vereinigten Arabischen Emirate (VAE) in den letzten Jahrzehnten einen enormen wirtschaftlichen Aufschwung erlebt. Das Bruttoinlandsprodukt ist deutlich gestiegen; der HDI ist der höchste in der gesamten Region. Viele der größten Unternehmen der Welt haben mittlerweile einen Sitz in Dubai. Man präsentiert sich kosmopolitisch und extravagant. Hier treffen sich die Reichen der Welt und genießen den Luxus in Hotels wie dem Sieben-Sterne-Hotel Burj al Arab, das mittlerweile zum Wahrzeichen von Dubai und zum Synonym für den ultimativen Luxus geworden ist. Das Motto des von Staatsoberhaupt Sheikh Mohammed 1996 ins Leben gerufenen Shopping Festivals lautete: „One world. One family. One festival." Das Emirat Dubai, am arabisch-persischen Golf gelegen, ist heutzutage für viele Menschen so etwas wie ein Stein gewordener Traum, der ganz im Dienst von Konsum und Verschwendung zu stehen scheint.

Vom wirtschaftlichen Aufschwung profitieren viele, wenn auch in unterschiedlichem Ausmaß. Am deutlichsten sichtbar wird diese Entwicklung am Bauboom der letzten Jahre. In Dubai steht die derzeit größte Ansammlung von Baukränen der Welt. Die Gebäude schießen buchstäblich wie Pilze aus dem Boden. Die Pläne sind meistens sehr ambitioniert, alles soll höher, extravaganter und glänzender sein als anderswo.

Architekten aus der ganzen Welt werden verpflichtet, um das moderne Dubai zu gestalten und so Unternehmen und Touristen aus der ganzen Welt anzulocken. Die Nachrichten über die Bautätigkeit im Emirat klingen meist ebenso phantastisch wie abenteuerlich: „Die größte Baustelle der Welt“ (Dubai.de, 27.6.2006), „Dubai will einen über 1 000 Meter hohen Wolkenkratzer bauen“ (nettribune, 06. Oktober 2008), „Dubai will U-Bahn in der Wüste bauen“ (dubai-city.de), „Einblick in das Leben einer Ausnahmestadt: Skifahren in der Wüste“ (3sat, März 2007), „Weltgrößter Flughafen in Dubai geplant“ (dubai.de, 28.11.2005). Ein besonders markantes Beispiel für diesen Trend sind die künstlich aufgeschütteten Inseln in Form von Palmen (Palm Islands), auf denen Villen, Wohnungen und Hotels errichtet werden. Die Traumlage an den langen künstlich angelegten Stränden soll zahlungskräftige Käufer anziehen. Bis zu drei Mio. Euro kosten die dort errichteten Villen. Weitere Areale dieser Art sind geplant oder werden bereits gebaut, beispielsweise „The World“, eine aufgeschüttete Insel in Form einer Weltkarte.

Am Horizont erhebt sich mittlerweile die stets imposant und aberwitzig zugleich erscheinende Skyline von Dubai, deren Türme davon künden, dass das Märchen aus Tausendundeiner Nacht hier ungewohnt fortgeschrieben wird. Dubai, das kleine Emirat im Süden des Persischen Golfs, war bis vor 40 Jahren nur Wüste und Meer. In der Wüste züchteten Beduinen Kamele, trieben Handel und zogen von Wasserloch zu Wasserloch. Im Meer fischten Sindbads Erben, tauchten nach Perlen und waren froh, wieder heil die sandigen Küsten zu erreichen. Dann, am 22. September 1969, kam das Öl aus den Tiefen von Dubais Boden, und keiner der heute rund 180 000 Dubai'in brauchte mehr Beduine oder Fischer zu sein. […] Al Ghouss, das Küstendorf gleich daneben, ist gerade wegen Umbau geschlossen. Im März soll es fertig gestellt sein, rechtzeitig zum Dubai-Shopping-Festival, einem der Highlights der dubaischen Gegenwart. Seit 1996 lockt das Emirat mit Schnäppchenpreisen die halbe Welt in seine sechs Shopping-Malls. […] „Unsere Welt wird größer und besser“, steht auf Schildern an der Stadtautobahn und den Schnellstraßen, wenn man vorbeirauscht am Dubai World Trade Center und den Twin Towers. Lange Zeit war das 26 Jahre alte World Trade das höchste Gebäude der Golfregion, dann bauten die Herrscher des Nachbaremirats Abu Dhabi, das noch reicher ist, den Baynunah Tower, worauf die Herrscher Dubais das 321 Meter hohe Luxushotel Burj Al Arab in den Himmel schießen ließen und nun wieder Erster sind.

M 2: Quellentext zum Bauboom in Dubai
Bahnerth, M.: Zeit Online (2002)

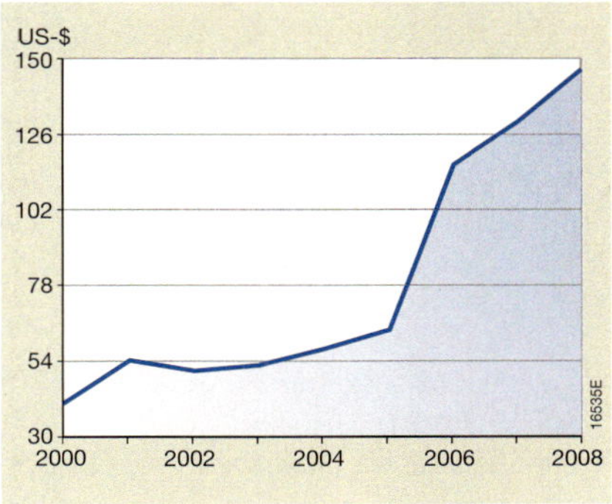

M 3: *Der Anstieg des Bruttoinlandsproduktes in den VAE von 2000 bis 2008*

Aber all dieser Glanz wird teuer erkauft. Täglich kommen Menschen aus der ganzen Welt nach Dubai, in der Hoffnung auf Arbeit und auf ein besseres Leben. Die Arbeiter stammen meist aus Indien, Bangladesch, Pakistan oder China. Sie alle hoffen, in Dubai genug zu verdienen, um ihren daheimgebliebenen Familien etwas Geld schicken zu können. Viele haben das Ziel, eines Tages zurückzukehren und im Heimatland ein Unternehmen zu gründen. Doch die Chancen dafür stehen schlecht. Sparen ist für die Zugereisten kaum möglich. Die Löhne sind meistens zu gering, die Gastarbeiter kommen oft kaum selbst über die Runden. Hinzu kommen oft sehr schlechte und ungerechte Arbeitsbedingungen.

M 4: Quellentext zur Situation der Arbeiter in Dubai
Nickoleit, K.: Welt Online (2007)

Wenn Staatsbürger der Vereinigten Arabischen Emirate auf die schlechte Situation der Gastarbeiter im Land angesprochen werden, reagieren sie meist mit Unverständnis. Dubai sei für die asiatischen Arbeiter doch der Himmel auf Erden, findet der Unternehmer Saeed Albanna. „Es gibt bei uns einen Witz", erzählt er: „Ein Inder stirbt, und Gott sagt: ‚Ich schicke dich ins Paradies.' ‚Was', fragt der Inder enttäuscht, ‚nicht nach Dubai?'" Albanna lacht. Und sagt, die Regierung mache viel für die Rechte der Arbeiter, man müsse nur das neue Gesetz zu den Unterkünften lesen.

Der tatsächliche Fortschritt bei den Arbeiterrechten in Dubai ist trotz vieler Vorwürfe und Forderungen aus dem Ausland klein: Der indische Bauarbeiter Anabarasu etwa lebt auf zwei Kubikmetern, das ist der Raum über seiner Schlafstatt bis zum Lattenrost des nächsten Bettes. Fotos von der Familie kleben an der Wand, an Nägeln hängen Plastiktüten mit seinen Habseligkeiten. Er teilt sich das Zimmer in der neuen Arbeiterunterkunft, die mitten in einem der vielen Baugebiete Dubais steht, mit sieben anderen Landsleuten. Für ihn ist das ein Fortschritt. „Viel besser als in den alten Arbeiterquartieren, in denen wir vorher gewohnt haben", sagt Anabarasu. Es sei sauber, gebe kein Ungeziefer, und sie seien auch nicht mehr 20 in einem Raum.

Saeed Albanna, der Arbeitgeber, klingt nicht begeistert. „Auf jeder Etage muss es künftig Küche, Essraum und Sanitäranlagen geben. Wir müssen das befolgen, ob es mir gefällt oder nicht." Rund 400 000 Euro wird es ihn kosten, bis alle Arbeiter der Unternehmergruppe Albanna gut untergebracht sind.

1. *Recherchieren Sie, z. B. im Internet, die Situation der Gastarbeiter, die in den 1960er- und 1970er-Jahren nach Deutschland kamen. Vergleichen Sie die Ergebnisse mit der Situation der Arbeitsmigranten, die in Dubai tätig sind.*
2. *Diskutieren Sie die ökonomischen und ökologischen Folgen von Bauprojekten, wie sie derzeit in Dubai umgesetzt werden.*

Fazit Kapitel 4

Um Entwicklung messbar zu machen, müssen Kriterien definiert werden, die in Zahlenwerten ausgedrückt werden können. Die Vereinten Nationen haben zu diesem Zweck den Human Development Index HDI entwickelt. In diesen fließen die drei Faktoren Bildung, Lebensstandard und Lebenserwartung in Form von berechenbaren, standardisierten Werten ein. Auf diese Weise lässt sich der Entwicklungsstand eines Landes messen und mit dem anderer Länder vergleichen. Der HDI der Länder Nordafrikas und Vorderasiens ist in den vergangenen Jahren gestiegen. Trotzdem bestehen noch deutliche Entwicklungsdefizite, vor allem in den Bereichen Bildung, Gleichberechtigung der Geschlechter und im Gesundheitswesen. Um diese Entwicklungsdefizite in den Griff zu bekommen, hat die UNO die sogenannten Millenniumsziele formuliert, die bis zum Jahr 2015 verwirklicht werden sollen. Bis heute sind die Erfolge bei der Umsetzung dieser Ziele jedoch unzureichend.

5 Religionen und Ethnien

Die Bevölkerung Nordafrikas und Vorderasiens setzt sich aus verschiedenen Ethnien zusammen, deren Mitglieder sich zu unterschiedlichen jüdischen, christlichen und islamischen Strömungen bekennen. Jahrhunderte lang galt die Zugehörigkeit zu einer Ethnie oder Religionsgemeinschaft als wichtigster Bezugspunkt im Leben der Menschen. Das hat sich mit der Entstehung der territorialen Nationalstaaten nach dem Zweiten Weltkrieg geändert. Staatliche Organisationen traten in Konkurrenz zu traditionellen Systemen. Gleichzeitig kam es zu neuen territorialen Konflikten. Ältester und hartnäckigster dieser Konflikte ist die Auseinandersetzungen um Palästina. Aber auch die lokalen Ethnien haben im Zuge der Globalisierung wieder stärker an Bedeutung gewonnen. Ethnische Gruppen wie Kurden und Berber fordern ein höheres Maß an Selbstbestimmung. Auf dem religiösen Sektor führt das Erstarken von Fundamentalismus und Islamismus zu einer Verschärfung sozialer und politischer Probleme.

5.1 Juden, Christen und Muslime

Sowohl das Judentum, als auch Christentum und Islam sind in Vorderasien entstanden. Heute prägt insbesondere der Islam das gesellschaftliche und politische Leben in der Region. Vor dem Hintergrund ihrer Geschichte und spezifischer Heilsversprechungen werden alle drei Religionen immer wieder für politische Interessen vereinnahmt.

M 1: *Betender Jude an der Klagemauer mit Kippa und Gebetsriemen (Tefillin)*

Mit weltweit rund 14 Millionen Anhängern ist das Judentum die zahlenmäßig kleinste der drei Weltreligionen. Anders als im Christentum und Islam ist der Übertritt zum Judentum an die Herkunft gebunden. Den Status Jude kann nur erwerben, wer eine jüdische Mutter besitzt, rechtmäßig konvertiert ist und keiner anderen Religionsgruppe angehört. Weltliche Kultur und Tradition verschmelzen im Judentum mit den religiösen Regeln, die jedoch nicht dogmatisch festgelegt sind. So konnten sich im jüdischen Glauben höchst unterschiedliche orthodoxe und liberale Strömungen entwickeln. Nach der Vertreibung aus ihrer Heimat Palästina in der Mitte des ersten Jahrhunderts n. Chr. durch die Römer verbrachte das jüdische Volk mehrere Hundert Jahre in der so genannten Diaspora. Die jüdischen Gemeinden lebten in der Regel getrennt von den Gesellschaften des „Gastlandes" in eigenen Wohnvierteln, den Ghettos, und hatten immer wieder unter religiös und ökonomisch motivierten Verfolgungen und Deportationen zu leiden. Dennoch kam es häufig zu kulturellem Austausch und einer fruchbaren Wechselwirkung zwischen den jüdischen Gemeinschaften und ihren jeweiligen Gastgesellschaften.

Die gemeinsame Hoffnung aller jüdischen Gemeinschaften auf die Rückkehr in die Heimat wurde nie in Frage gestellt und als utopisches Versprechen immer wieder bekräftigt. Diese ursprünglich religiös motivierte Utopie erhielt gegen Ende des 19. Jahrhunderts eine neue politische Bedeutung. Im Zuge der Entstehung der europäischen Nationalstaaten formierte sich die jüdische Nationalbewegung des Zionismus, deren Vertreter einen eigenen territorialen Staat in Palästina, der historischen Heimat des Judentums, forderten. Die planmäßige Ermordung von sechs Millionen Juden im Dritten Reich – über ein Drittel der jüdischen Bevölkerung wurde umgebracht – trug erheblich dazu bei, dass die europäischen Mächte nach dem Zweiten Weltkrieg der Gründung des Staates Israel auf palästinischem Boden zustimmten. Damit war der heute noch andauernde Palästinakonflikt geboren.

Die Weltreligion Christentum hat heute weltweit mehr als 2,1 Mrd. Anhänger. In Nordafrika und Vorderasien findet man größere christliche Bevölkerungsanteile nur noch im Libanon (39 Prozent) und in Syrien (16 Prozent). Einen entscheidenden Einfluss im politischen, wirtschaftlichen und kulturellen Leben hat die christliche Bevölkerung lediglich

1. *Nennen Sie zwei Propheten, die in allen drei Religionen eine Rolle spielen, und zeigen Sie die Unterschiede ihrer Bedeutung für die jeweilige Religion auf.*
2. *Diskutieren Sie den unterschiedlichen Charakter der „Mitgliedschaft" in den drei Weltreligionen. Kann ein Muslim zum Christentum konvertieren? Warum kann man nicht gleichzeitig Christ und Muslim sein?*
3. *Geben Sie mit eigenen Worten den Streit der drei Weltreligionen um die Stadt Jerusalem wieder. Diskutieren Sie die Frage, ob es dabei ausschließlich um religiöse Fragen geht, und zeigen Sie mögliche Lösungen des Konfliktes auf.*

im Libanon. Man trifft dort auf zwölf verschiedene christliche Splittergruppen, die im Laufe der Zeit im Streit um die richtige Auslegung des Glaubens entstanden sind. Die Christen im Libanon sind überwiegend maronitische Katholiken, griechisch-orthodox oder griechisch-katholisch. Ihre Wohngebiete erstrecken sich von der Hauptstadt Beirut bis nach Tripolis im Norden des Landes. Eine weitere bedeutende christliche Minderheit sind die in Ägypten lebenden Kopten mit einem Bevölkerungsanteil von zwölf Prozent. Die Kopten werden oftmals als Fremde im eigenen Land bezeichnet, da sie von der muslimischen Mehrheit nicht als Teil der ägyptischen Gesellschaft angesehen werden. In einem sich immer mehr dem Islam zuwendenden Land haben die Kopten als religiöse Minderheit nach eigenem Bekunden unter Diskriminierung und Gewalt zu leiden. Die koptische Bevölkerung konzentriert sich in Mittelägypten und insbesondere in Kairo und Alexandria. In den Großstädten leben die Kopten vielfach in der Anonymität; nur noch wenige praktizieren ihren Glauben.

Dem Islam hängen weltweit rund 1,4 Mrd. Menschen an, er ist heute die bestimmende Religion in Nordafrika und Vorderasien. Abgesehen von der Türkei und dem Libanon gilt er in allen Ländern der Region als Staatsreligion. Deren autokratische Herrscher sind den religiösen Werten verpflichtet. Mit seinen Regeln und Normen bestimmt der Islam das tägliche Leben der Gläubigen umfassend. Man wird als Muslim geboren und bleibt es ein Leben lang. Aus westlicher Perspektive könnte man sogar von einem muslimischen Lebensstil sprechen, da jede Daseinsverwirklichung eine religiöse Dimension besitzt.

Heute breitet sich der muslimische Glaube sehr dynamisch aus. Der Übertritt ist relativ unkompliziert: Der Konvertit sagt vor muslimischen Zeugen das Glaubensbekenntnis, die Schahada, auf. Auch die täglich zu befolgenden Regeln und Gebote wirken relativ leicht verständlich. Die religiösen Handlungsanweisungen erleichtern die Gestaltung des täglichen Lebens und erzeugen in hohem Maße eine soziale Vergemeinschaftung der Gläubigen. Die Regeln, auch Säulen des Islam genannt, verlangen die Unterwerfung des Gläubigen unter den Willens Gottes. Abgesehen von einigen unbedeutenden Splittergruppen zerfällt der Islam in die sehr große Gemeinschaft der Sunniten (Sunna) und die kleinere Gruppierung der Schiiten (Schia). Die Anhänger der Schia, die sich im Zuge von Nachfolgestreitigkeiten bei der Bestimmung des weltlich-religiösen Oberhauptes (Kalif) bereits frühzeitig von der Sunna abgespalten haben, konzentrieren sich heute im Irak und im Iran. Auch der Libanon besitzt einen großen schiitischen Bevölkerungsanteil.

Judentum, Christentum und Islam beziehen sich auf gemeinsame historische und theologische Wurzeln und teilen zahlreiche religiöse Figuren und Erzählungen miteinander, die sie jedoch unterschiedlich auslegen. Symbolisch zeigt sich die seit Jahrhunderten andauernde Auseinandersetzung im Anspruch auf die Stadt Jerusalem, die allen drei Glaubensgemeinschaften als „heilige Stadt" gilt. Die Altstadt von Jerusalem beherbergt bedeutsame Stätten aller drei monotheistischen Weltreligionen: An der Klagemauer gedenken die Juden ihres zerstörten Tempels. Im Christenviertel befindet sich die Grabeskirche Jesu Christi, das Ziel aller christlichen Jerusalem-Pilger. Auf dem Tempelplatz steht der Felsendom, das drittwichtigste Heiligtum des Islam.

16567E

M 2: *Das Ägyptische Kreuz geht auf eine ägyptische Hieroglyphe zurück; sie wird heute in der koptischen Kirche verwendet.*

16568E

M 3: *Kalligraphische Darstellung der Schahada*

Land	Anteil der Muslime
Ägypten	**90%**
Libyen	**97%**
Tunesien	**98%**
Algerien	**99%**
Marokko	**98%**
Türkei	99%
Iran	**98%**
Irak	**97%**
Jordanien	**92%**
Libanon	59%
Syrien	90%
Saudi-Arabien	**100%**
Kuwait	**85%**
Katar	**77%**
Bahrain	**81%**
V.A. Emirate	**96%**
Oman	**100%**
Jemen	**95%**

Fett = Islam ist Staatsreligion

M 4: *Anteil der Muslime an der Gesamtbevölkerung in ausgewählten Staaten (2008)*

5.2 Ethnien und Ethnizität

Ethnische Gruppen definieren sich durch Clanzugehörigkeit, Religion und andere Faktoren. Sie sind in der gesamten Region des altweltlichen Trockengürtels in unterschiedlichen Ausprägungen zu finden und stehen häufig in Konkurrenz zum Nationalstaat.

1. *In welchem Verhältnis stehen die Konzepte Nationalstaat und Ethnie zueinander? Welche Rolle spielt das Territorium für eine Nation und welche für eine Ethnie?*
2. *Es gibt einen Unterschied zwischen Fremd- und Selbstzuschreibung bei der Definition einer Ethnie. Erläutern Sie diese Aussage.*
3. *Spielt das Konzept der Ethnie in der Bundesrepublik Deutschland für die deutsche Bevölkerung eine signifikante Rolle? Begründen Sie Ihre Antwort.*

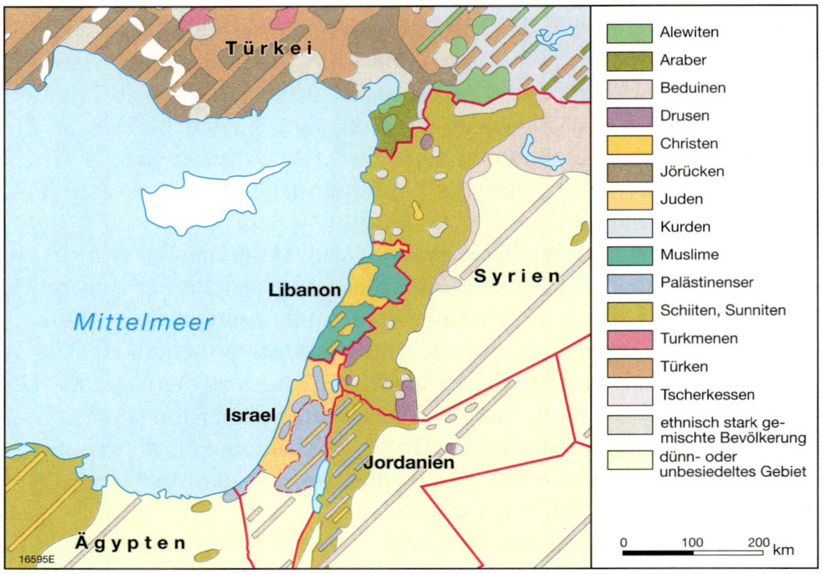

M 1: *Ethnische Gruppen in Vorderasien (Eigenzuschreibung)*

Ethnie
Begriff, der menschliche Gemeinschaften hinsichtlich ihrer Zugehörigkeit zu Fremd- und/oder Eigenzuschreibung wie Sprache, Religion, Tradition, Werten, Praktiken, Abstammung usw. gegenseitig abgrenzt

Ethnizität
Bezeichnet das jeweilige Verhältnis zwischen Gruppen, die jeweils voneinander der Meinung sind, dass sie sich in für sie subjektiv wichtigen Meinungen, Werten und kulturellen Routinen unterscheiden.

Ethnonym
Indikator, der auf Zugehörigkeit zu einer Ethnie hinweist und oftmals symbolische Bedeutung hat

Zu einer Ethnie werden in der Wahrnehmung ihrer Mitglieder diejenigen Mitmenschen gerechnet, die zahlreiche Gemeinsamkeiten aufweisen wie Abstammung, Glaube, Kultur, Sprache, Kleidung oder Brauchtum. Ethnische Gruppen sind damit keine vorgegebenen Einheiten, sondern soziale Konstruktionen. Eine Ethnie ist weder mit einem Nationalstaat, noch mit einer Kultur identisch. Das Konzept der Ethnie kann vielmehr als Alternative zum Konzept des Nationalstaates verstanden werden. Der Vorgang der Abgrenzung von anderen Gruppen wird als Ethnizität bezeichnet. Darunter versteht man diejenigen subjektiven Vorstellungen, Gefühle und Handlungen, durch die sich die Zugehörigkeit zu einer ethnischen Gruppe ausdrückt. Ethnizität bezeichnet damit das jeweilige Verhältnis zwischen zwei oder mehreren Gruppen, die wechselseitig der Meinung sind, dass sie sich in wichtigen Meinungen, Werten und kulturellen Handlungen voreinander unterscheiden. Ethnien entstehen durch Ethnizität und werden durch Ethnizität immer wieder bestätigt, erneuert oder modifiziert. Ihren Ausdruck findet Ethnizität durch so genannte Ethnonyme. Dabei handelt es sich um Indikatoren, die die Zugehörigkeit zu einer bestimmten Ethnie anzeigen. Typische Ethnonyme sind Kleidung, Sprache, Essen oder tägliche Routinen und Praktiken wie etwa Begrüßungsformeln. Ethnizität schafft also Ethnien, die sich im Laufe der Zeit verändern können. Im Austausch mit anderen Menschen, Gruppen oder Kulturen und auch durch den Einfluss von modernen Medien wie Fotografie, Internet und Fernsehen entstehen neue Zuschreibungen. In dem Maße, wie diese Zuschreibungen variieren, verändert sich auch die jeweilige Ethnie.

5.3 Konflikte halten die Welt in Atem

5.3.1 Der Palästinakonflikt

Vorderasien ist in der zweiten Hälfte des 20. Jahrhunderts durch zahlreiche politische Auseinandersetzungen geprägt. Die älteste dieser Auseinandersetzungen ist der Konflikt um Palästina, der bereits seit über 60 Jahren andauert.

Um den Palästinakonflikt und seine Ursachen zu verstehen, ist es notwendig, einen Blick auf die jüngerere Geschichte der Region zu werfen. Nach dem Ende des Ersten Weltkriegs übertrug der Völkerbund in einem Mandat Großbritannien die Verwaltung des ehemals zum Osmanischen Reich gehörenden Palästina. Bestandteil dieses Mandats war der Auftrag zur „Errichtung einer nationalen Heimstätte für das jüdische Volk". Doch Palästina war nicht unbewohnt. Neben der wachsenden Zahl jüdischer Einwanderer lebten dort seit Jahrhunderten Araber, die das Land als ihr ererbtes Wohn- und Wirtschaftsgebiet betrachteten. Am 29. November 1947 bestimmten die Vereinten Nationen in New York unter dem Eindruck des jüngst zurückliegenden Holocaust über die Hälfte des britischen Mandatsgebiets Palästina zum Territorium eines zukünftigen jüdischen Staates. Auf dem restlichen Gebiet – ohne das Stadtgebiet Jerusalems – für das eine internationale Verwaltung vorgesehen war, sollte ein arabischer Staat entstehen. Die Araber lehnten den Teilungsplan ab. Nach der Proklamation des Staates Israel im Jahr 1948 kam es zum ersten arabisch-israelischen Krieg, an dem sämtliche arabischen Nachbarstaaten beteiligt waren. Es folgten zwei weitere Kriege und immer wieder militärische Auseinandersetzungen einschließlich zahlreicher terroristischer Gewaltakte. 1967 führte Israel einen Präventivschlag gegen Ägypten durch, um einem befürchteten Angriff des Nachbarlandes zuvorzukommen. Innerhalb von sechs Tagen wurden die Armeen Ägyptens und seiner Verbündeten Syrien und Jordanien besiegt. Nach dem Sechstagekrieg kontrollierte Israel das gesamte ehemalige Mandatsgebiet Palästina, die Halbinsel Sinai und die syrischen Golanhöhen. 1973 führte der Jom-Kippur-Krieg zu Grenzkorrekturen am Suezkanal und auf den Golanhöhen. Ägypten und Syrien hatten am jüdischen Feiertag Jom-Kippur einen Überraschungsangriff auf Israel gestartet, der jedoch zurückgeschlagen wurde und mit einer abermaligen Niederlage der arabischen Streitkräfte endete. Nach dem Friedensvertrag mit Ägypten im Jahr 1979 wurden die heutigen Grenzen zwischen beiden Staaten bestätigt. Grenzstreitigkeiten gab es weiterhin mit Syrien wegen der von Israel seit 1967 besetzten Golanhöhen, die sowohl miltärstrategisch als auch für die Versorgung mit Wasser von hoher Bedeutung sind. Nach dem ersten Aufstand der palästinensischen Bevölkerung, der Intifada des Jahres 1987, kam erneut Bewegung in den Konflikt: 1994 schlos-

M 2: *Der UN-Teilungsplan für das Mandatsgebiet Palästina des Jahres 1947*

Intifada

Aufstände der palästinensischen Bevölkerung in Form von zivilem Ungehorsam und terroristischer Gewalt von 1987 bis 1993 und von 2000 bis 2005

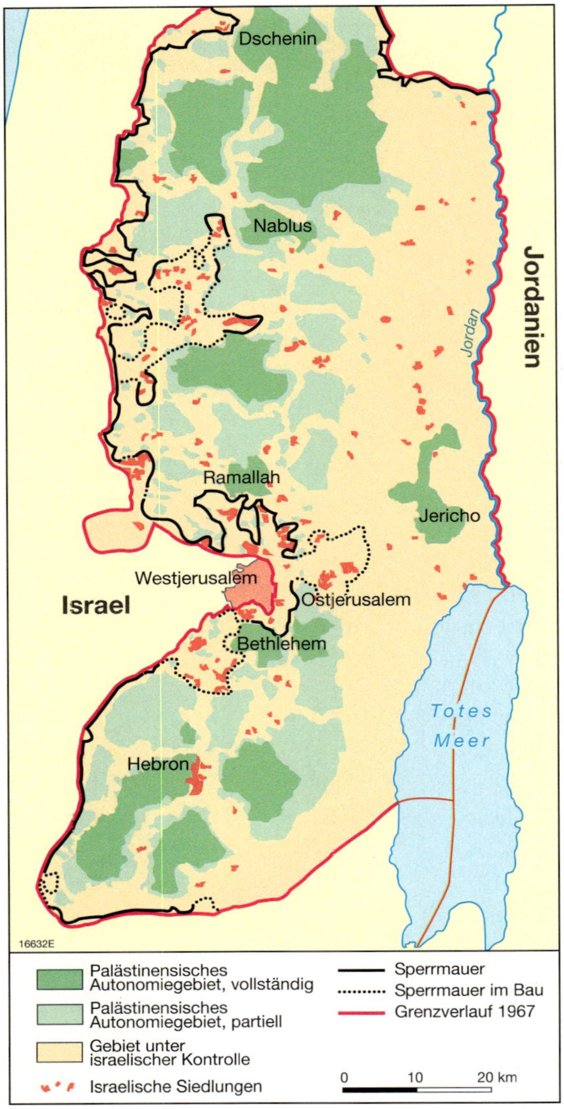

M 1: *Palästinensische Autonomiegebiete, jüdische Siedlungen, israelisch kontrollierte Gebiete und Mauerbau im Westjordanland*

sen Jordanien und Israel einen Friedensvertrag. Damals wurden der Gazastreifen und Teile des Westjordanlandes der Verwaltung der Palästinensischen Autonomiebehörde übergeben. Die Gründung eines eigenen Staates ließ jedoch weiter auf sich warten. Auch eine zweite Intifada im Jahr 2000 brachte das palästinensische Volk seinem Ziel nicht näher; der Konflikt ging weiter. In den palästinensischen Autonomiegebieten versuchen militante Gruppen, ihre Forderung nach einem eigenen Staat mit Terrorakten durchzusetzen. Die israelische Armee reagiert mit der Aussperrung palästinensischer Arbeiter, gezielten Tötungen, Bombardements des Westjordanlandes und des Gazastreifens und der kompletten Zerstörung palästinensischer Siedlungen. Der Bau einer Betonmauer zur Abgrenzung des Westjordanlandes soll das Einsickern von Selbstmordattentätern verhindern, schafft jedoch neues Unrecht.

Die kurze gemeinsame Geschichte des Staates Israel und der Palästinensischen Autonomiegebiete ist wechselvoll und wird nicht nur von den lokalen Akteuren vor Ort, sondern auch von Interessen externer Akteure bestimmt. Die Europäische Union begnügt sich oftmals damit, beide Seiten finanziell zu unterstützen, ist aber zurückhaltend, wenn es darum geht, konstruktiv zu vermitteln. Das Engagement der USA brachte zwischenzeitlich Bewegung in die Verhandlungen, die jedoch aufgrund des Bestrebens der israelischen Regierung, den Prozess zu dominieren, letztlich ergebnislos blieben. Die Positionen scheinen unverrückbar zu sein: Im Jahr 1944 wurden der palästinensischen Bevölkerung von der internationalen Gemeinschaft 44 Prozent des damaligen Mandatsgebietes als Staatsgebiet versprochen. Heute umfassen die Autonomiegebiete weniger als ein Viertel davon. Israel beansprucht Gesamt-Jerusalem für sich, die Palästinenser Ostjerusalem einschließlich des Tempelberges. Auch in dieser Frage verlieren die Palästinenser an Boden, da Ostjerusalem zunehmend von Israelis aufgekauft wird. Währenddessen bleibt das gravierende palästinensische Flüchtlingsproblem sowohl in Palästina als auch in den umliegenden arabischen Ländern weiterhin ungelöst. Der Gazastreifen ist übervölkert, seine Infrastruktur zerstört und ein normaler Alltag unmöglich. Das Westjordanland ist weit von einer territorialen Integrität entfernt und zerfällt in zahlreiche Teilgebiete mit abgestufter Autonomie. Die Mobilität der palästinensischen Bürger ist beim Übertritt nach Israel oder in einen Nachbarstaat, aber auch innerhalb des Westjordanlandes in hohem Maße eingeschränkt. Zudem ist das palästinensische Volk politisch gespalten: Auf der einen Seite steht die gemäßigte Fatah, die im Westjordanland „regiert“, auf der anderen Seite die radikale Hamas, die den Gazastreifen dominiert.

1. *Mit welchen Argumenten ist der Anspruch der Zionisten auf Palästina als jüdischen Nationalstaat zu begründen?*
2. *Fassen Sie die territoriale Entwicklung und den juristischen Status des ehemaligen Mandatsgebietes Palästina zusammen. Welcher Trend lässt sich aus der Analyse für die Zukunft prognostizieren?*

5.3.2 Der Afghanistankonflikt

Fast ein Jahrzehnt ist es her, dass die USA und ihre Verbündeten Afghanistan besetzt haben, und noch immer kommt das Land nicht zur Ruhe. Verschiedene Ethnien und regionale Führer streiten sich um die Macht. Der Einfluss der von den Besatzern eingesetzten Zentralregierung ist gering.

Seit der Invasion der US-Truppen im Herbst 2001 ist Afghanistan ins Zentrum der internationalen Politik gerückt. Die Regierung in Kabul versucht seitdem zwar, die staatlichen Institutionen wieder aufzubauen, aber sie kann das Land nicht einen. Im Norden ist die Macht der Warlords ungebrochen, und im Süden gewinnen die Taliban erneut an Boden.

M 2: Quellentext zur Invasion in Afghanistan
Atlas der Globalisierung (2007)

Nach den Anschlägen auf das World Trade Center in New York und das Pentagon in Washington am 11. September 2001 kündigten die USA einen „Krieg gegen den Terror" an. Auf diese Weise verschaffte sich die damalige US-Regierung eine scheinbare Legitimation, in jenen Ländern militärisch einzugreifen, von denen aus Terroristen ihre Anschläge planen, die Terroristen Unterschlupf gewähren oder in anderer Weise die Weltsicherheit akut gefährden. So versuchten die USA ummittelbar nach den Anschlägen vom 11. September, in Afghanistan den Terroristenführer Osama Bin Laden zu ergreifen und die Taliban aus dem Land zu vertreiben. Beide Versuche sind bis heute erfolglos geblieben, auch wenn es gelungen ist, die Taliban von der Regierung zu verdrängen. Die neuen Machthaber konnten das versprochene demo-

M 3: *Die ethnischen Gruppen (Eigenzuschreibung) in Afghanistan*

1. Welche Rolle spielen die physisch-geographischen Rahmenbedingungen in Afghanistan bei den militärischen Auseinandersetzungen der westlichen Truppen mit den einheimischen Taliban (Atlas)?
2. Analysieren Sie mit Hilfe der Quellentexte die Gründe des Einsatzes der Bundeswehr in Afghanistan und diskutieren Sie die Frage, ob Deutschland tatsächlich „am Hindukusch" verteidigt" wird.

M 1: *Talibankämpfer*

Taliban

Ursprünglich die Bezeichnung für Koranschüler, ist der Begriff heute die Selbstbezeichnung einer fundamentalistisch-islamistisch ausgerichteten politischen Bewegung in Afghanistan.

kratische System nicht etablieren. Stattdessen nehmen in Afghanistan der Widerstand gegen die von den Amerikanern eingesetzte Regierung und die internen Spannungen zwischen den ethnischen Gemeinschaften zu. Wie bei vorherigen Konflikten sind es auch hier die unterschiedlichen Ethnien, die gegeneinander kämpfen und die nicht bereit sind, eine nationale Einheitsregierung zu akzeptieren. Die alliierten Truppen, zu denen auch die deutsche Bundeswehr zählt, werden inzwischen als Besatzer wahrgenommen und auch so behandelt. Die Zentralregierung ist trotz der Unterstützung durch die amerikanischen Streitkräfte und deren Alliierte nicht in der Lage, sich gegen die zahlreichen lokalen Stammesführer und die mächtigen Warlords zu behaupten.

M 2: Quellentext – Aufruf zur Beendigung des Afghanistankriegs durch den Bundestagsabgeordneten Hans-Christian Ströbele

Ströbele, H.-C.: afghanistankrieg-beenden.de (2008)

Der Interventionskrieg der USA und der NATO in Afghanistan geht 2009 ins achte Jahr, er dauert also schon länger als der Zweite Weltkrieg. Ein Ende ist nicht abzusehen […]. Die Intervention hatte ursprünglich – so die Legitimation – die Selbstverteidigung der USA, die Festnahme der Al Qaida-Terroristen und die Zerschlagung deren Angriffspotenzials zum Ziel. Mittlerweile ist sie zu einem Kampf gegen die seinerzeit in Afghanistan herrschenden Taliban geworden, mit der erklärten Zielsetzung, das Land in eine Demokratie zu verwandeln und marktwirtschaftlich zu entwickeln.

M 3: Quellentext zur Motivation der Bundesregierung für die Beteiligung in Afghanistan

Biermann, K.: Zeit Online (2008)

Lange wurde von der Bundesregierung der Eindruck erweckt, es gehe allein um Solidarität zu den Nato-Partnern und darum, dem gepeinigten Volk in Afghanistan beim Wiederaufbau zu helfen. Gern sprach man daher vom „bewaffneten THW". Gute Gründe, aber nicht die wahren. Deutschland hat ein erhebliches Interesse daran, in der Nato zu sein, und auch eines, in Afghanistan zu kämpfen. Schließlich versteht sich die Bundesregierung weltweit als wichtiger und einflussreicher Partner – und fordert beispielsweise immer mal wieder einen ständigen Sitz im Sicherheitsrat der Vereinten Nationen. Der damalige Verteidigungsminister Peter Struck erntete viel Kritik, als er einst äußerte, Deutschlands Sicherheit werde auch am Hindukusch verteidigt.

5.4 Der Kampf der Kurden

Bei der Bildung der Nationalstaaten in Vorderasien wurden die ethnischen Gruppen der Kurden nicht berücksichtigt. Heute streben die Kurden trotz vieler interner Probleme nach einem eigenen Nationalstaat.

Der Begriff Kurde ist eine Fremdbezeichnung für eine Bevölkerungsgruppe, deren Siedlungsgebiet umgangssprachlich als Kurdistan bezeichnet wird. Das indoeuropäische Volk der Kurden besitzt zwar einen nahezu geschlossenen Siedlungsraum, eine genaue topographische Abgrenzung eines „Landes der Kurden" existiert jedoch nicht, auch wenn dies bereits mehrfach versucht wurde. Die Kurden sind mehrheitlich muslimische Sunniten und sprechen verschiedene Dialekte der kurdischen Sprache, die je nach staatlicher Zugehörigkeit der Sprecher in lateinischer, arabischer oder kyrillischer Schrift notiert wird.

Auf der Friedenskonferenz von Paris im Jahr 1919, im Vertrag von Sèvres im Jahr 1920 und bei der ersten Konferenz der Vereinten Nationen in San Francisco im Jahr 1945 wurde jeweils versucht, ein Territorium für einen kurdischen Nationalstaat abzustecken – ohne Ergebnis. Nach wie vor gelten die Kurden als das größte Volk der Welt ohne eigenen Staat und leben als Minderheit innerhalb der Staatsgrenzen der Türkei, Irans, Iraks und Syriens. Der kurdische Bevölkerungsteil wird von den Regierungen dieser Staaten unterschiedlich behandelt. In der Türkei stellen Kurden fast ein Fünftel der gesamten Bevölkerung. Allerdings wurden sie bei der Gründung der modernen Türkei nicht als ethnische Minderheit anerkannt. Dabei spielte sicherlich die Befürchtung eine Rolle, dass diese verhältnismäßig große Ethnie durch die Forderung nach Autono-

Vertrag von Sèvres
Vertrag mit dem Osmanischen Reich, der aufgrund dessen Untergangs nie umgesetzt wurde (vom Vertrag von Lausanne 1923 mit der modernen Türkei abgelöst)

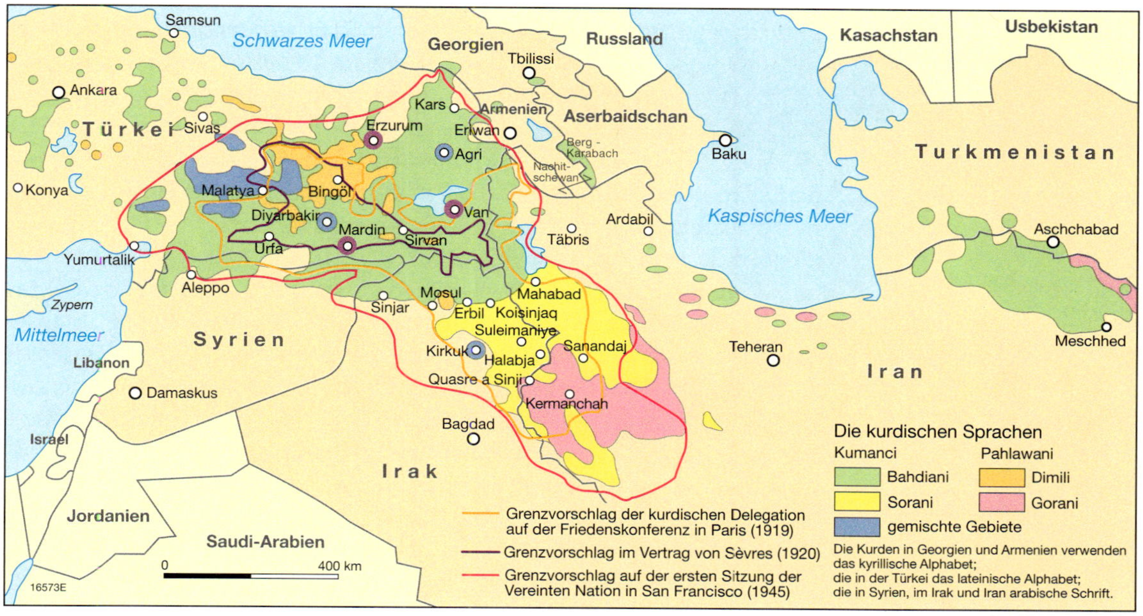

M 4: *Siedlungsgebiete kurdischer Bevölkerungsgruppen und deren Sprachen*

PKK
Arbeiterpartei Kurdistans, die sich als „Partiya Karkerên Kurdistan“ (PKK) bezeichnet. Ihr Ziel besteht darin, mit Waffengewalt einen unabhängigen Staat Kurdistan zu schaffen. Heute wird die PKK als Terrororganisation eingestuft.

mie den Bestand des jungen türkischen Staates gefährden könnte. Seit Mitte der 1980er-Jahre liefert sich die radikale Kurdische Arbeiterpartei (PKK), die heute auch von der EU als Terrororganisation eingestuft wird, einen regelrechten Krieg mit den türkischen Sicherheitsorganen. Inzwischen wird den Kurden vom türkischen Staat schrittweise eine gewisse kulturelle Eigenständigkeit zugestanden. Dennoch beklagen Kritiker immer wieder massive Eingriffe in die traditionale Organisation und territoriale Selbstbestimmung der kurdischen Gesellschaft – beispielsweise durch das GAP-Projekt in Südostanatolien, in dessen Zusammenhang mehr als 20 Staudämme und über 1,5 Mio. ha neue Bewässerungsfläche geschaffen werden. Kritisiert werden insbesondere der Landverbrauch für Wasserflächen, der Infrastrukturausbau und die gesteigerte Militärpräsenz innerhalb der kurdischen Siedlungsgebiete.

M 1: Quellentext – das kurdische Volk
Wagner, H.: Eurasisches Magazin (2003)

Die Kurden sind eines der ältesten Kulturvölker der Erde. Schon vor über viertausend Jahren wurden sie in sumerischen Texten erwähnt. In der Antike kannte man sie unter verschiedenen Namen – auf welche Weise schließlich der Name „Kurde“ entstanden ist, darüber streiten sich die Gelehrten bis heute. Zwischen dem biblischen Berg Ararat und dem Persischen Golf, von den Ufern des Tigris bis weit in den Iran hinein leben Kurden – mitten im Brennpunkt des Nahen Ostens. Ihr Siedlungsgebiet ist annähernd so groß wie Deutschland. Es bildet die Landbrücke zwischen Rußland und dem Persischen Golf – und damit dem Indischen Ozean. Zwei Drittel des irakischen Erdöls stammen aus kurdischem Boden.

M 2: *PKK-Führer Abdullah Öcalan, 1999 in der Türkei zum Tode verurteilt. 2002 wurde das Urteil in lebenslange Haft umgewandelt.*

Im Iran wurden bisher alle kurdischen Bestrebungen nach Autonomie und Unabhängigkeit gewaltsam unterdrückt – bis hin zur Ermordung der kurdischen Führer. Im Irak gelang es den Kurden, eine autonome Region Kurdistan mit eigener Armee, eigener Währung und eigenem Parlament aufzubauen. Bislang jedoch sind alle kurdischen Bemühungen um eine staatliche Souveränität gescheitert – nicht zuletzt deshalb, weil die verschiedenen Fraktionen der Kurden untereinander zerstritten sind. Die staatliche Verfolgung und die Unterdrückung der kurdischen Identität hatte eine massive Migration zur Folge, unter anderen nach Deutschland. Die Zahl der in Deutschland lebenden Kurden wird heute auf nahezu 800 000 Personen geschätzt. Kurden kamen zunächst als türkische Arbeitsmigranten, später als Asylsuchende. Ereignisse wie die Revolution im Iran im Jahr 1979, der Militärputsch in der Türkei im Jahr 1980 und der Libanon-Krieg des Jahres 1982 sowie die militärischen Verfolgungen im Irak Ende der 1980er-Jahre vertrieben zahlreiche Kurden aus ihrer Heimat. Die Fluchtbewegung hält bis heute an. Die Gründung eines kurdischen Nationalstaats ist weiterhin nicht absehbar.

1. *Warum unterdrücken die Behörden der Türkei und des Iran die Entstehung einer nationalen Identität der kurdischen Bevölkerung?*
2. *Recherchieren Sie Ziele und Vorgehen der PKK. Diskutieren Sie die Legitimation des kurdischen Widerstand gegen den türkischen Staat.*

5.5 Die Berber – eine Ethnie definiert sich

Lange bevor die Araber Nordafrika eroberten, lebten dort die verschiedenen Völker der Berber. Nachdem sie während der Kolonialzeit zur Machtsicherung missbraucht wurden, entwickelten sie vor allem in Marokko eine eigene kulturelle Identität.

Die Berber bilden die älteste Bevölkerungsgruppe des Maghreb, lassen sich jedoch nicht durch gemeinsame Merkmale identifizieren. Es gibt keinen gemeinsamen Dialekt und auch keine gemeinsame Schriftsprache. Im Zuge der arabischen Eroberung des Maghreb im siebten Jahrhundert wurden alle Berberstämme islamisiert. Heute ist die berberische Bevölkerung Nordafrikas in hohem Maße an die arabische Mehrheitsgesellschaft angepasst. Im sozialen Leben spielt sie nur eine untergeordnete Rolle – mit Ausnahme von Marokko, Algerien und Libyen. Insbesondere in den Bergregionen dieser Länder haben sich die berberische Kultur und eine eigene ethnische Identität erhalten. In Marokko existieren drei große Siedlungsgebiete der Berber, die nach der jeweils dort gesprochenen Berbersprache benannt werden. Im Norden und Nord-Osten des Rif wird Tarifit gesprochen, im Mittleren Atlas Tamazight und im Hohen Atlas sowie im Antiatlas Tachelhit. Tamazight wird als übergeordnete Berbersprache benutzt. Die Berber selbst werden mit dem Begriff Amazigh bezeichnet. Die Versuche einer eigenständigen politischen Organisation der Berberstämme haben in Marokko eine lange Tradition. Die Etablierung einer eigenen Republik durch Abdel Krim in den 1920er-Jahren war einer der spektakulärsten Versuche, sich gegen die damalige französische Protektoratsherrschaft zu wehren. Bis in die 1950er-Jahre hinein versuchte die französische Protektoratsverwaltung zur Sicherung der eigenen Macht, die Berber gegen die Araber aufzuwiegeln. Nach Erlangung der Unabhängigkeit unterdrückte der marokkanische Staat – insbesondere in den 1970er-Jahren – durch eine gezielte Arabisierungspolitik, die kulturellen Bestrebungen der Berber. Doch die Berber behaupteten ihre Eigenständigkeit. Ein berberisches Vereinswesens entstand und eine Berberbewegung für kulturelle Identität. Heute spielt die Inszenierung der berberischen Kultur im Zuge der touristischen Erschließung eine wichtige Rolle in Marokko. Die marokkanischen Behörden haben die Verwendung der berberischen Sprache in Schulen und Fernsehsendungen zugelassen; im Jahr 2001 wurde sogar ein Institut Royal de la Culture Amazighe (IRCAM) gegründet. Für die am stärksten verbreitete Berbersprache Tamazight wurde sogar ein eigenes Alphabet, das Tifinagh, entwickelt. Die Debatte um die Eigenständigkeit der Berber hat die Frage nach einer Neudefinition der marokkanischen Identität aufgeworfen. In Kern geht es darum, inwieweit die ethnische Berberbewegung durch separatistische Tendenzen die nationale und territoriale Einheit des Königreiches Marokko in Frage stellt.

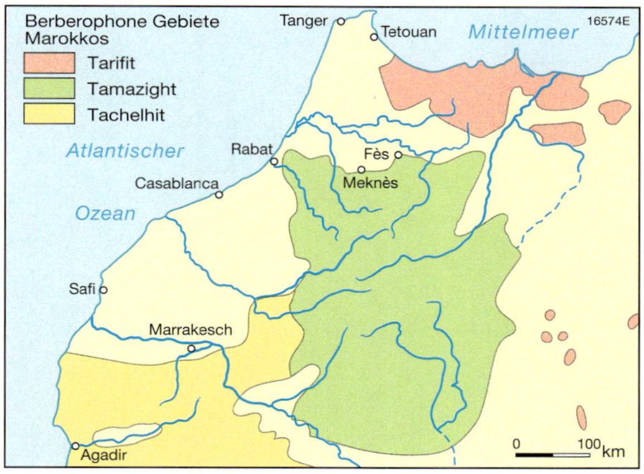

M 3: *Verteilung der berbersprachlichen Bevölkerung in Marokko*

Berber
Zusammenfassende ehemals koloniale Fremdzuschreibung für alle ursprünglich in Nordafrika lebenden Bevölkerungsgruppen

1. *Welche politischen Probleme können für den marokkanischen Staat entstehen, sollten die Berberbewegungen einen eigenen unabhängigen Staat fordern?*
2. *Welche Elemente berberischer Kultur machen die Identität der Berber aus? Welche Rolle spielt dabei der Tourismus?*

5.6 Fundamentalismus und Islamismus

Seit den terroristischen Anschlägen vom 11. September 2001 in den USA werden Begriffe wie islamistischer Terror oder Fundamentalismus in westlichen Gesellschaften oftmals unreflektiert im Zusammenhang mit arabischen Ländern und islamischen Gläubigen gebraucht.

M 1: *Verschleierte Frau beim Gebet*

Seit Ende des 20. Jahrhunderts kann man in allen Ländern des Islam eine verstärkte Religiosität feststellen. Religiöse Vorschriften werden – auch unter Jugendlichen – in weit größerem Ausmaß befolgt, als dies noch vor einigen Jahrzehnten der Fall war. Im Westen werden solche Entwicklungen, insbesondere seit den Anschlägen auf das World Trade Center in New York, häufig mit Fundamentalismus und Islamismus gleichgesetzt. Meist wird unter diesen Vokabeln alles zusammengefasst, was irgendwie mit dem Islam zusammenhängt und die westliche Gesellschaft und Kultur bedrohen könnte. Selten wird zwischen einem gemäßigten Streben nach religiöser Selbstverwirklichung auf der einen und zerstörerischem Terror auf der anderen Seite unterschieden. Um solche Pauschalurteile zu vermeiden, ist es zunächst notwendig, Klarheit bezüglich der verwendeten Begriffe zu schaffen.

Der Begriff Fundamentalismus steht in erster Linie für das Beharren auf festen politischen und vor allem religiösen Grundsätzen. Fundamentalismus in diesem Sinne bezeichnet die Rückbesinnung auf die Wurzeln oder Fundamente des Glaubens, im Falle des christlichen Fundamentalismus auf die wörtliche Auslegung der Bibel. Für die muslimischen Fundamentalisten ist entsprechend der Koran die Bezugsquelle. Als eine extreme Variante des islamischen Fundamentalismus fallen aus westlicher Perspektive vor allem die politisch-radikalen Strömungen innerhalb des Islam auf, die einen „Gottesstaat" anstreben, also eine gesellschaftliche Ordnung auf der strikten Grundlage der Vorschriften des Korans unter Beachtung des religiösen Rechts, der Scharia. Dabei wird jede Form der Öffnung gegenüber modernem Gedankengut abgelehnt und gegebenenfalls rückgängig gemacht. Durch die Ablehnung jeglicher alternativen Weltsicht werden Individuen und Gruppierungen oder Gesellschaften, die andere Lebensweisen bevorzugen, als Feinde gebrandmarkt, die es zu bekämpfen gilt. Diese Intoleranz widerspricht jedoch den Regeln und Traditionen des gemäßigten Islam.

Scharia
Das archaische und religiös legitimierte Gesetz des Islam, das sich auf alle staatlichen und bürgerlichen sowie privaten und öffentlichen Belange menschlichen Lebens bezieht

Demgegenüber steht der Begriff Islamismus für eine Ideologie, die erst in neuerer Zeit in der Auseinandersetzung mit westlichen Denkweisen und ideologiefreien Lebensformen artikuliert wurde. Islamismus, den man auch als eine intensivierte Version des Islam verstehen kann, vermischt Jahrhunderte alte islamische Reflexion mit gedanklichen Importen aus westlichen Weltanschauungen. Innerhalb der muslimischen Gesellschaften ist der Islamismus sehr populär, da er eine umfassende, eindeutige und religiöse Identität in einer orientierungslosen postmodernen Welt vermittelt. Der Islam liefert die Antworten auf alle Fragen des Lebens. Hinzu kommt der Stolz auf die eigene Kultur, nicht zuletzt weil dieser Stolz aus Sicht der Betroffen in Vergangenheit und Gegenwart immer wieder durch westliche Protagonisten verletzt wurde und wird. Im Gegenzug wehren sich die Anhänger des Islam gegen westlichen Individualismus, bedingungslosen Konsumzwang und den ungebremsten ökonomischen Erfolgsdruck. Mit Hilfe der Werte sozialer Gemeinschaft, die im Islam immer eine religiöse Gemeinschaft ist, predigt man die Abkehr von falschen Einflüssen und den Widerstand gegen diese Ansprüche. Hinzu kommt das politische Streben nach der Einheit aller Muslime. Die islamistischen Bewegungen treten in allen muslimischen Ländern auf, wenn auch in unterschiedlicher Radikalität. Das Spektrum reicht von gemäßigt bis extremistisch. Die extremsten Gruppierungen wie Al-Qaida, die von der Weltgesellschaft für zahlreiche Terroranschläge – etwa auf das World Trade Center, die Londoner U-Bahn oder auf die Madrider Vorortzüge – verantwortlich gemacht wird, versuchen, ihre Version des Islamismus mit Gewalt und Terror zu verbreiten. Dabei schrecken die Akteure auch nicht vor Selbstmordattentaten auf Unschuldige – egal welcher Herkunft und welchen Glaubens – zurück.

Ideologie
System von Werten, Zielen und Urteilen, die ähnlich wie die Weltanschauung umfassend das Leben und Streben eines Menschen bestimmt

Al-Qaida
Weltweites Netzwerk von islamistisch-radikalen Gruppen, die mit Terroranschlägen die westlich geprägte Weltordnung destabilisieren wollen

Bei der Diskussion über die Entwicklung und Gestaltung des Islam in den Ländern Nordafrikas und Vorderasiens erscheint es geboten, deut-

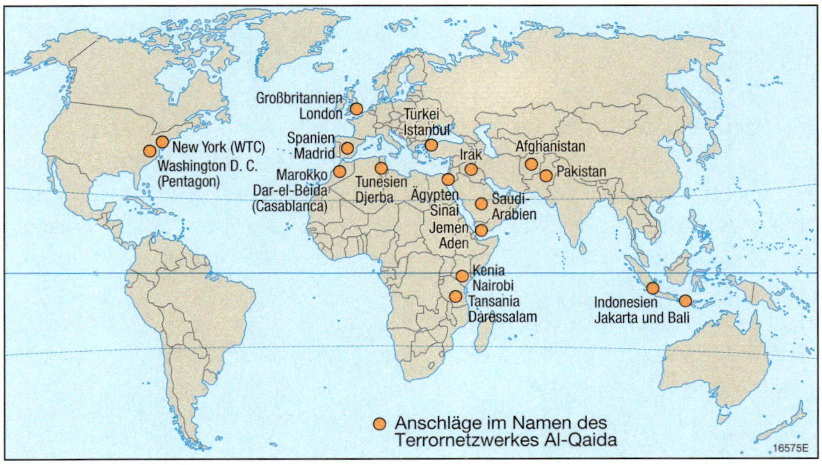

M 2: *Weltweite Verteilung der ausgeführten Terroranschläge zu Beginn des 21. Jahrhunderts*

lich zwischen Islamismus als zeitgemäßer Erneuerung und moderater Interpretation des Islam und einem fundamentalistischen Islamismus als Begründung für die menschenverachtenden Anschläge von terroristischen Vereinigungen zu unterscheiden. Das zunehmende Bekenntnis zur Frömmigkeit und die verstärkte Befolgung der Vorschriften des Islam, die sicherlich mit den zunehmenden ökonomischen Problemen der Länder Nordafrikas und Vorderasiens in Zusammenhang stehen, darf nicht zu einer Gleichsetzung mit islamistischem Terror führen. Ein anderes Aussehen, andere Kleidungsvorschriften, Essgewohnheiten und Lebensstile haben nichts mit Extremismus zu tun, sondern sind zunächst einmal Ausdruck anderer Lebens- und Wertvorstellungen, die uns herausfordern, neu über unsere eigenen Positionen nachzudenken.

1. *„Der terroristische Islamismus ist eine höchst moderne ideologische Variante des Glaubens. Sie wurzelt im aufgeklärten Europa." Diskutieren Sie diese Behauptung.*
2. *Worin bestehen die Unterschiede zwischen einem Muslim, einem Islamisten und einem Terroristen?*
3. *Gibt es einen Unterschied zwischen dem türkischen Kopftuch, dem saudischen Gesichtsschleier und der afghanischen Burka? Was haben die Kleidungstücke mit Terrorismus zu tun?*

Fazit Kapitel 5

Ausgelöst durch die kolonialen Interessen der imperialistischen Staaten Europas sind in den Ländern Nordafrikas und Vorderasiens zahlreiche politische Probleme entstanden, die mit der Gründung von Nationalstaaten, nationaler Identität, ethnischer Selbstbestimmung und globalen Interessen zusammenhängen. Die Loyalität der Menschen in Nordafrika und Vorderasien gilt zunächst der eigenen Ethnie und der eigenen religiösen Gemeinschaft, erst danach den Organen des Staates. Die Zugehörigkeit zu Religion und Ethnie spielt auch heute noch eine dominante Rolle. Dabei erzeugen die Überlagerung und Verknüpfung unterschiedlicher Interessen von Zivilgesellschaft, ethnischer Gruppierung und religiöser Gemeinschaft auf lokaler, nationaler und globaler Ebene eine in ökonomischer und politischer Hinsicht spannungsgeladene Situation. Radikale terroristische Vereinigungen heizen diese Konflikte zusätzlich an und erschweren eine konstruktive Kommunikation zwischen den Vertretern der unterschiedlichen Positionen.

6 Konflikte um Wasser und Öl

Schon immer kam es zwischen den Staaten Nordafrikas und Vorderasiens zu zahlreichen Kriegen und Konflikten. Standen solche Auseinandersetzungen früher häufig im Zusammenhang mit Kolonialismus, Nationalismus und Religion, geht es heute zumeist um Öl und Wasser. Ohne Wasser und ohne Erdöl ist Entwicklung nicht denkbar. Beide Ressourcen sind jedoch sehr ungleich verteilt. Das schafft Stoff für Konflikte. Der zunehmende Energieverbrauch steigert den Bedarf gerade der mächtigen Staaten nach dem Rohstoff Erdöl. Die Diskrepanz zwischen vorhandenem Trinkwasser auf der einen und dem ebenfalls steigenden Bedarf nach dieser Ressource sorgt für Verteilungskonflikte, deren Bedeutung in Zukunft noch zunehmen wird.

6.1 Wasser – Mangel und Verbrauch

Obwohl über zwei Drittel der Erdoberfläche von Meeren und Ozeanen bedeckt sind, wird Wasser als Trinkwasser und Lebenselixier der Landwirtschaft immer mehr zum „knappen Gut". Gravierende Probleme ergeben sich vor allem durch unterschiedliche Qualität, Nutzbarkeit und Verfügbarkeit.

Nur ein verschwindend geringer Anteil, ungefähr 0,3 Prozent, des auf der Erde vorhandenen Wassers ist trinkbar. Der Rest besteht größtenteils aus dem Salzwasser der Ozeane und dem Eis der Polarregionen und Hochgebirge. Dennoch würden diese 0,3 Prozent ausreichen, um alle Menschen auf der Erde mit Trinkwasser zu versorgen. Das Problem besteht in der ungleichen regionalen Verteilung der Wasservorräte. Während einige Regionen einen Wasserüberschuss verzeichnen, gibt es viele Orte, an denen Wasser Mangelware ist. Dazu zählt auch der altweltliche Trockengürtel. In allen Ländern Nordafrikas und Vorderasiens ist Wassermangel ein akutes Problem. Die pro Kopf verfügbare Wassermenge nimmt kontinuierlich ab, während gleichzeitig die Bevölkerungszahlen steigen. So gilt der Nahe Osten mittlerweile als die Region mit dem weltweit größten Wassermangel. Im Jemen beispielsweise stehen den Menschen 130 Kubikmeter Wasser pro Kopf und Jahr zur Verfügung. Die als notwendig erachtete Wassermenge liegt bei mindestens 500 Kubikmetern, von Knappheit wird sogar bereits ab einer Menge von weniger als 1 000 Kubikmetern gesprochen. Ein weiterer Vergleich aus dem Jahr 1998 besagt, dass jedem Menschen auf der Erde im Jahr durchschnittlich 20 100 l erneuerbares Wasser zur

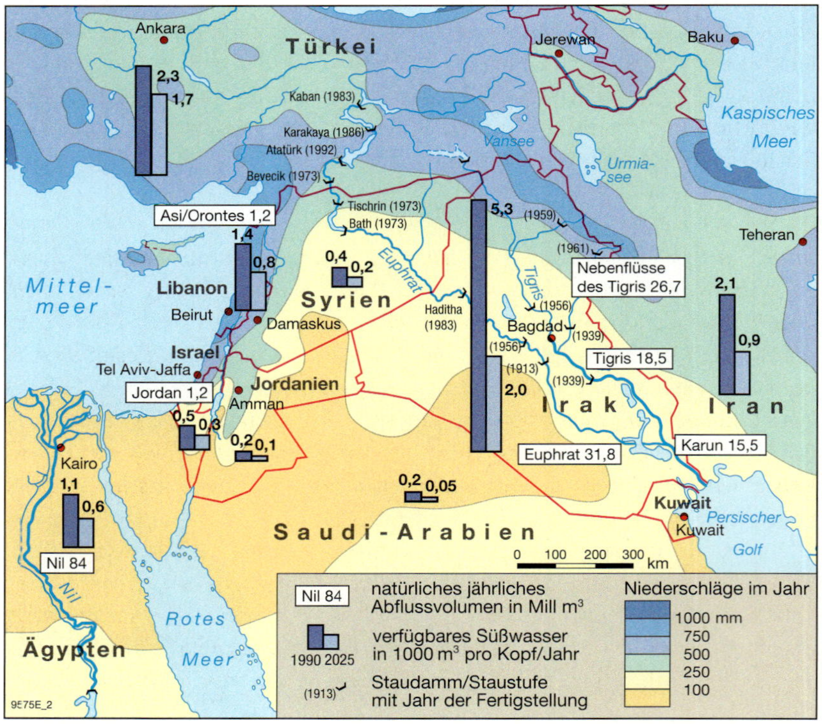

M 1: *Wasserverfügbarkeit pro Kopf in den Ländern des Nahen Ostens*

Verfügung standen – für den Eigenbedarf, für die Landwirtschaft und für die Industrie. In Vorderasien und Nordafrika waren es lediglich 2 470 l pro Tag. Hinzu kommt, dass die Wasserverfügbarkeit in den Ländern Nordafrikas und Vorderasiens in den vergangenen Jahrzehnten dramatisch abgenommen hat. Für die Zukunft prognostizieren Experten einen noch stärkeren Rückgang. Ein entscheidender Faktor ist das wachsende Missverhältnis zwischen steigender Nachfrage und dem sehr geringen Wasserangebot, das durch Industrialisierung und Bevölkerungswachstum noch verstärkt wurde. Urbanisierung und kontinuierlicher Ausbau der bewässerten landwirtschaftlichen Nutzfläche tragen vermehrt zu einer dramatischen Situation bei. In den meisten Ländern Nordafrikas und Vorderasiens werden bis zu 70 Prozent des verfügbaren Wassers in die Landwirtschaft gepumpt. Damit leistet man zwar einen Beitrag zur Ernährungssicherung und schafft Arbeit für die Bevölkerung. Die Frage, ob ein solcher Anbau rentabel und sinnvoll ist, wird in der Regel aber nicht gestellt. Alternativen zu dieser Praxis scheinen nicht zu existieren.

Die einzelnen Länder haben unterschiedliche Strategien entwickelt, um die eigene Bevölkerung mit ausreichend Wasser zu versorgen. Dabei gehen die Auffassungen darüber, was „ausreichend" bedeutet, häufig weit auseinander. Während viele Länder Nordafrikas und Vorderasiens händeringend nach günstigen Lösungen suchen, um an Trinkwasser zu gelangen, verfügen Erdöl produzierende Staaten wie Saudi-Arabien, Kuwait oder die kleineren Emirate über genügend Wasser, weil sie dank ihrer Petrodollars die finanziellen Mittel aufbringen können, um salziges Meerwasser aufzubereiten. Bis zu einem gewissen Grad sind der Zugriff auf Trinkwasser und dessen kontinuierlicher Verbrauch mittlerweile zum Statussymbol derer geworden, die sich ein solches Verhalten leisten können. Die Kontrolle über die Wasservorräte wird dabei zu einem geopolitischen Machtfaktor. Ein solches Denken ist nicht nur ökologisch fahrlässig, es produziert auch Konfliktstoff. In den Ländern Vorderasiens ist es bereits wiederholt zu Verteilungskonflikten gekommen, sowohl innerhalb eines Staates als auch zwischen benachbarten Staaten.

1. *Erläutern Sie M 2. Gehen Sie dabei auf Ursachen der festzustellenden Unterschiede ein.*
2. *Inwiefern ist der hohe Anteil landwirtschaftlich genutzten Wassers problematisch? Welche Alternativen bieten sich Ihrer Meinung nach an?*

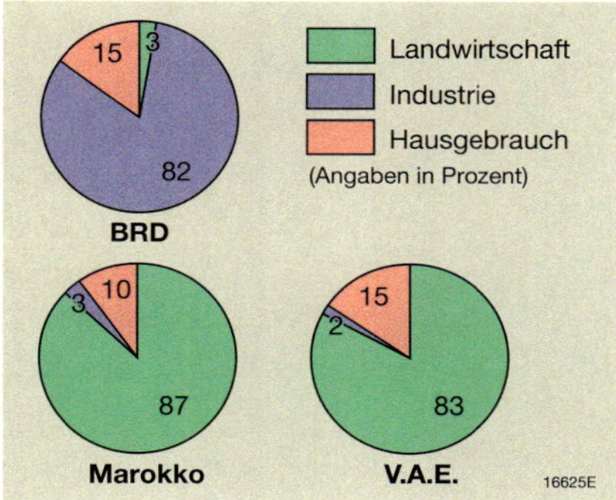

M 2: *Verbrauchsanteile des Wassers in Deutschland (2000), Vereinigten Arabischen Emiraten (2005) und Oman (2000)*

In der ganzen Region gibt es Wassersorgen. Aber eine vernünftige Politik mit einer sinnvollen Infrastruktur könnte die Probleme lösen. Wichtig ist vor allem, dass Wasser nicht sinnlos verschwendet wird. […] Würde der Preis des Wassers realistisch in Rechnung gestellt, wären alle diese Agrarprodukte (Kartoffeln, Erdbeeren…) unerschwinglich. Sie sollten von dort importiert werden, wo es keinen Wassermangel gibt. Aber es gibt bislang kein Gefühl für den Wert des Wassers. Die Leute denken: „Es ist da, es gehört uns, wir machen damit, was wir wollen." Wasser wird verschwendet – ohne Gedanken daran, was in zehn, geschweige denn in hundert Jahren passiert. […]

In der Region Nahost/Nordafrika werden 70 Prozent der Wasserreserven landwirtschaftlich genutzt. Das ist eine enorm hohe Quote. Das Kilo Tomaten wird dort für ein paar Cent verkauft. Die Bauern verdienen fast nichts daran, aber sie verbrauchen eine riesige Menge an Wasser, das sie nicht bezahlen. Wer nichts oder deutlich zu wenig zahlt, achtet nicht auf Sparmöglichkeiten.

M 3: Quellentext zum Wasserproblem in der Region
Zeitschrift für Entwicklung und Zusammenarbeit: Interview mit Fathi Zereini, Vorsitzender der Deutsch-Arabischen Gesellschaft für Umweltstudien (2006)

6.2 Wem gehört das Wasser?

Viele Länder sind auf Wasser angewiesen, das in Nachbarländern entspringt. Damit stellt sich die Frage: Wer ist Besitzer des Wassers und wo entstehen Konflikte um grenzüberschreitende Gewässer?

M 1: Quellentext – Menschenrecht Wasser
UN-Wirtschafts- und Sozialausschuss: Allgemeiner Rechtskommentar Nr. 15, Menschenrecht auf Wasser (2005)

Wasser ist ein begrenzter natürlicher Rohstoff und ein für Leben und Gesundheit wesentliches öffentliches Gut. Das Menschenrecht auf Wasser ist unumgänglich, wenn Menschen in Würde leben wollen. Es ist eine Vorbedingung für die Verwirklichung anderer Menschenrechte. […] Das Menschenrecht auf Wasser berechtigt jedermann zu ausreichendem, ungefährlichem, sicherem, annehmbarem, physisch zugänglichem und erschwinglichem Wasser für den persönlichen und den häuslichen Gebrauch.

Wasser kennt keine politischen Grenzen. Weltweit gibt es 261 grenzüberschreitende Flüsse. Diese führen mehr als die Hälfte des Oberflächensüßwassers der Erde. Die Länder, in denen die Gewässer entspringen, beanspruchen dieses Wasser häufig für sich. Sie nennen es ihr Eigentum, bauen Staudämme und drehen damit den Ländern am Unterlauf der Flüsse das Wasser ab. Diese Tatsache kann Ursache für Konflikte sein, die zwischen inner- oder außerstaatlichen politischen Einheiten ausgetragen werden. Ein Beispiel für einen solchen Konflikt ist der Streit um das GAP-Staudammprojekt in Südostanatolien.

M 2: *Das GAP-Projekt in der Türkei*

Die Türkei ist der einzige Staat im Nahen Osten, der auf ausreichende Wassermengen zurückgreifen kann. Hauptsächlich, weil dort zwei wasserreiche Flüsse entspringen, der Euphrat und der Tigris. Um die Wasserressourcen noch besser nutzen zu können, hat die Türkei 1977 das „Südostanatolien-Projekt" (GAP) ins Leben gerufen. Bis 2015 will das Land den Bau von 22 Staudämmen und 19 Wasserkraftwerken in einem zusammenhängenden System verwirklichen und somit zum „Garten" des Nahen Ostens werden. Die Türkei verfolgt damit zwei Ziele: Zum einen soll das Wasser aus den Talsperren 1,7 Mio. ha arides Land durch Bewässerung in fruchtbares Ackerland umwandeln, zum anderen sollen Kraftwerke durch die Produktion billiger Energie die Industrie ankurbeln. Geplant sind eine Steigerung der Baumwollerträge von jährlich 150 000 auf 400 000 Tonnen sowie der Verkauf von nicht benötigtem Wasser in die ariden Regionen Vorderasiens, sogar bis nach Israel. Das Südostanatolien-Projekt macht die Türkei zur regionalen Wassermacht.

Gerade weil es um das Thema Wasser geht, erzeugt diese Macht auch Konflikte. Die Anrainerstaaten Syrien und Irak sind ebenfalls auf das

Wasser des Euphrat-Tigris-Beckens angewiesen. Beide Staaten kritisieren das Projekt mit dem Argument, die Türkei könne ihnen nach Belieben einfach das Wasser abdrehen, was in der Vergangenheit bereits mehrfach geschehen ist. In den Jahren 1991 und 1993 wurde das Euphratwasser plötzlich gestoppt, angeblich wegen technischer Mängel. Ein weiterer Kernpunkt des Konflikts ist die Abflussmenge: Während die Türkei 1987 den Ländern eine Wassermenge von 500 Kubikmetern pro Sekunde zusicherte, fordert die syrische Regierung ein Volumen von 700 Kubikmetern. Syrien gilt ohnehin als schwächste Partei in dem Konflikt. Im Landesinnern fallen nur 200 mm Niederschläge pro Jahr, die Landwirtschaft ist stark auf die Bewässerung angewiesen. Der Irak hat eine stärkere Position, da er die Türkei mit seinen Öllieferungen im Gegenzug politisch unter Druck setzen und auf diese Weise quasi Tauschhandel betreiben kann.

M 3: *Das Wasser und der israelisch-arabische Konflikt*

Das GAP-Projekt wird durch westliche Staaten mit Krediten unterstützt, obwohl es gegen eine UN-Konvention von 1997 verstößt, in der festgelegt wurde, dass sich Anrainer-Staaten von Wasserläufen auf eine ausgewogene und vernünftige Nutzung der Wasserreserven einigen müssen. Zwischen Syrien, dem Irak und der Türkei stellt sich dies als nicht so einfach dar – die Türkei beansprucht das Wasser für sich, da sie die Gebietshoheit über die Quellen besitzt. Syrien und der Irak sprechen sich für eine gleichmäßige Verteilung der Wassermengen aus. Problematisch an der Diskussion ist, dass die Konvention bisher noch nicht ratifiziert wurde; nur wenige Staaten haben sie bisher unterzeichnet.

Ein weiterer Konfliktherd in der Region ist der Streit um das Jordanwasser. Der Jordan transportiert jährlich 1,2 Mrd. Kubikmeter Wasser – ungefähr soviel wie die Spree in Berlin. Die Menge mag uns im Vergleich zu anderen Flüssen gering erscheinen. Im Jordan-Tal ist diese Wassermenge jedoch so viel wert, dass sich die Anrainer heftig darum streiten. Vor allem in Israel, Palästina und Jordanien ist die Versorgungssituation mehr als kritisch. Jährlich fehlen dort annähernd 300 Mio. Kubikmeter Wasser, allein im Gazastreifen sind es rund 80 Mio. Kubikmeter. Diese scheinbare Diskrepanz ergibt sich zum einen aus der hohen Bevölkerungsdichte, zum anderen aus der übermäßigen Wasserentnahme durch die jüdischen Siedlungen, die bis zu 20 Prozent des Gesamtverbrauchs ausmacht. Die Anrainerstaaten – Libanon, Syrien, Jordanien, Israel und Palästina – diskutieren und streiten sich hauptsächlich um die Nutzungsrechte des Jordan-Oberlaufs inklusive dessen drei Quellflüssen, sowie des Yarmuks und des Grundwassers im Westjordanland.

Nach dem Scheitern des in den 1950er-Jahren vorgelegten „Johnston-Plans" zur Aufteilung des Wassers, konnte Israel im 6-Tage-Krieg 1967 alle wasserpolitischen Begehren zu seinen Gunsten entscheiden und deckt seitdem den Wasserbedarf zu rund 40 Prozent aus Quellen, die außerhalb des eigenen Staatsgebietes in den besetzten Gebieten liegen. Einige die-

M 1: *Verlauf des Jordan mit See Genezareth, Totem Meer und Mittelmeer*

1. *Welche Folgen kann die Entwicklung des Wassers zu einer Handelsware für diejenigen haben, die nicht „an der Quelle sitzen?*
2. *Gibt es Möglichkeiten, den Konflikt um das GAP-Projekt zu mindern? Nach welchen Kriterien wäre eine Wasserverteilung denkbar?*
3. *Welche weiteren Wasser-Verteilungskonflikte sind Ihnen bekannt? Recherchieren Sie weitere Fälle grenzüberschreitender Wasser-Konflikte und vergleichen Sie deren Lösungsszenarien.*

ser Quellen befinden sich in Syrien, auf den Golan-Höhen. Das hügelige Westufer des Jordan verfügt über ausreichend Niederschlag und speist den Oberlauf des Flusses, der durch die Golan-Höhen fließt. Ein großer Fernleitungskanal, der National Water Carrier, der vom See Genezareth bis in die fruchtbare Küstenebene am Mittelmeer führt, leitet gegenwärtig bis zu 90 Prozent des Jordan-Wassers in das israelische Kernland. Die Palästinenser haben bis heute keinen Zugang zum Jordan-Wasser. Trotz gravierender Wasserverknappung ist es bislang nicht zu einem Wasserkrieg gekommen. Dies ist jedoch sicher den ungleichen Machtverhältnissen geschuldet.

Das Beispiel des Friedensvertrags zwischen Jordanien und Israel von 1994 zeigt, dass es auch möglich ist, kooperative Regelungen zu finden, von denen alle profitieren können. Im Vertrag war die Wasserfrage ein wesentlicher Bestandteil. Dennoch existieren in der Region nach wie vor spannungsreiche Konflikte um die Wassernutzung, für die eine Lösung erst noch gefunden werden muss. Ein viel größeres Problem scheint derzeit die drastische Verschärfung innerstaatlicher Verteilungskonflikte zu sein, bei der die Ungleichverteilung der Ressource Wasser zu Problemen auf nationaler und regionaler Ebene führen kann.

M 2: Quellentext zum Wasserverbrauch Israels
Deutschlandfunk, Eine Welt: O-Töne des deutschen Wasseringenieurs Clemens Messerschmidt, der für den Deutschen Entwicklungsdienst palästinensische Wasserleitungen instandhält und wartet

In der Tat, was die Wasserteile des Oslo II-Abkommens betrifft, haben sich die Palästinenser sehr über den Tisch ziehen lassen. Ein sehr wichtiger Grund ist zunächst einmal, dass die Palästinenser zu Beginn des gesamten Oslo-Prozesses selber über keine handfesten Daten verfügt haben. Wenn über 35 Jahre lang Brunnenanlagen in israelischer Hand sind, dann haben die Palästinenser auch nicht die genauen Daten und schon gar nicht die Daten aus innerhalb Israels, die ja in einem gemeinsamen hydrologischen Grundwasserbecken genauso wichtig sind. […] Bereits der im Norden gebaute Abschnitt hat etwa 50 Prozent der palästinensischen Brunnenversorgung jetzt auf die israelische Seite fallen lassen. Das heißt, dass die Palästinenser darüber die Kontrolle entweder richtig verloren haben oder jederzeit verlieren können. Und wenn man jetzt über das Land fährt, sieht man Männer im besten arbeitsfähigem Alter arbeitslos auf der Straße stehen.

6.3 Erdöl – der endliche Rohstoff

6.3.1 Vorkommen und Handel

Wie das Wasser so sind auch die Erdölvorkommen auf der Welt ungleich verteilt. Der Nahe Osten gilt als „Erdölparadies". Einige Staaten der Region konnten durch den Ölexport in den letzten Jahrzehnten ihre Macht und ihren Wohlstand enorm steigern.

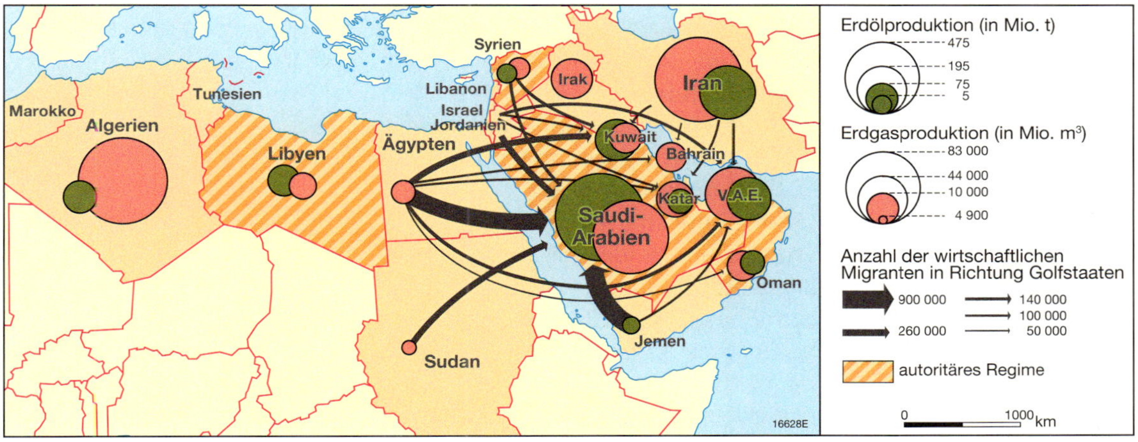

M 3: *Erdöl- und Erdgasförderung in Nordafrika und Vorderasien (2008)*

Erdöl zählt zu den weltweit bedeutendsten Rohstoffen. Öl dient als Treibstoff für die meisten Verkehrs- und Transportmittel, zur Erzeugung von Elektrizität und wird in der chemischen Industrie zur Herstellung von Kunststoffen verwendet. Erdöl findet sich in fast allen Sedimentgesteinen der Erde, allerdings in unterschiedlichen Mengen und in verschiedenen Qualitäten. Von den weltweit rund 30 000 prospektierten Ölfeldern sind aufgrund der Qualität und Quantität des vorhandenen Öls nur etwa ein Prozent wirtschaftlich von Bedeutung. Die größte ökonomische Bedeutung besitzen die Vorkommen der Ölprovinz „Persisch-Arabischer-Golf". Während in den Regionen des Nahen Osten und der Golfstaaten 93,4 Mio. Tonnen des endlichen Rohstoffs nachgewiesen wurden, sind es in Nordamerika nur 6,3 und in Europa sogar nur 3 Mio. Tonnen. Erdölexporteur Nummer Eins ist Saudi-Arabien, das 2006 einen Anteil von 16,2 Prozent am weltweiten Exportmarkt verzeichnete und mit einem Bruttoinlandsprodukt von rund 295 Mrd. US-$ die größte Volkswirtschaft im arabischen Raum darstellt.

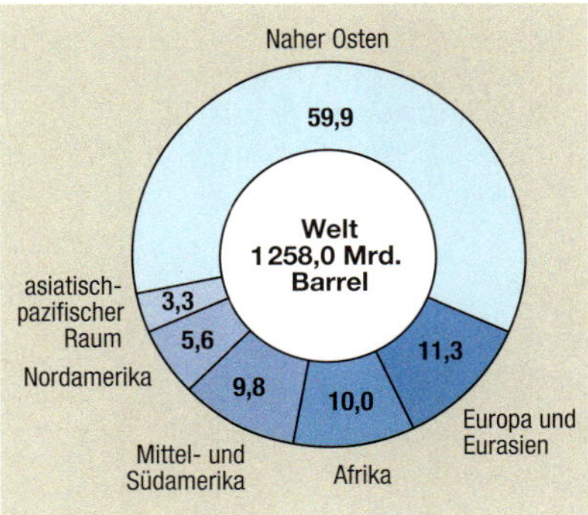

M 4: *Erdölreserven weltweit (2008)*

Aber auch in Nordafrika floriert der Handel mit dem kostbaren Rohstoff. Über die größten Ölreserven auf dem Kontinent verfügt Libyen. Mit einer täglichen Erdölförderung von 1 787 000 Mio. Barrel pro Tag wird das Land immer interessanter für internationale Konzerne. Der Wettlauf um die Ölreserven hat gerade erst begonnen, und Libyen ist es im Prinzip egal, wer das Öl letztlich zu Tage fördert. Auch Algerien steigt immer stärker in das Ölgeschäft ein. Mit seinen Ölreserven von über 12 Mrd. Barrel liegt das Land in der Rangliste der Staaten mit den größten Ölvorräten auf dem 13. Platz.

Barrel

Traditionelles Maß in der Ölindustrie, als der Transport von Öl ausschließlich in Fässern stattfand. Ein Barrel entspricht rund 159 Litern. Die Abkürzung bbl für Barrel bedeutet „blue barrel" – ein blaues Fass mit genormtem Inhalt.

1. *Schätzen Sie ein, welche Risiken sich in politischer, ökonomischer und ökologischer Hinsicht aus der Ungleichverteilung des Erdöls auf der Welt ergeben.*
2. *Zahlreiche der Erdöl exportierenden Länder haben Ihren Wohlstand fast ausschließlich auf dem Ölhandel aufgebaut. Was könnte daran problematisch sein?*
3. *Besonders die Golfstaaten-Länder suchen permanent nach alternativen Einkommensquellen. Begründen Sie dieses Phänomen.*
4. *Nennen Sie Beispiele für das wirtschaftliche Engagement arabischer Staaten in Deutschland.*

Die fossilen Vorräte an Erdöl und Erdgas sind jedoch beschränkt. Glaubt man den Berechnungen der Experten, so kann die Welt noch maximal 40 Jahre lang auf die vorhandenen Reserven zurückgreifen. Die Prognosen fallen bisweilen deutlich pessimistischer aus, da man den zu erwartenden Bedarf von Schwellenländern wie China und Indien noch nicht vollends überblickt. Setzt man diesen Bedarf entsprechend höher an, verkürzt sich der Richtwert um einige Jahre. In Bahrain hat die tägliche Erdöl-Fördermenge bereits stark abgenommen. Schon jetzt strebt das Land nach alternativen Einkommensquellen und versucht, zum Tourismusziel und Finanzzentrum aufzusteigen, um für die Zeit nach dem Erdöl gerüstet zu sein.

Der tägliche Verbrauch von Öl liegt weltweit bei 78 660 000 Barrel, bei einer derzeitigen Fördermenge von 79 380 000 Barrel. Da Förder- und Verbrauchsstandorte teilweise extrem weit auseinander liegen, ist ein weitgestecktes Handels- und Transportwegenetz nötig, um den weltweiten Ölbedarf zu befriedigen. Im Jahr 2004 wurden täglich 48,1 Millionen Barrel ex- und importiert. Lieferanten sind zuvorderst die Staaten des Nahen Ostens, Russland, West- und Nordafrika sowie Mittel- und Südamerika. Empfänger sind die großen Erdölverbraucher wie die USA, die EU, China, Japan und Russland – 60 Prozent des globalen Öl- und Erdgasverbrauchs entfallen auf diese Staaten.

M 1: Quellentext über Erdöl in Kuwait
von der Burchard, H. J.: Das Erste.de (2007)

Ausgangspunkt des Öltrips ist Kuwait. Ein El Dorado für Autofahrer. Sie bezahlen gerade einmal 20 Cent pro Liter Sprit. Kein Wunder, die Scheichs am persischen Golf sitzen ja an der Quelle. Mit Burgan besitzt Kuwait das zweitgrößte Ölfeld der Welt. Die Quellen in der Wüste – von Schutzzäunen umgeben – sehen völlig unspektakulär aus, keine wippenden Pumpen, wie man sie aus den USA kennt. Das „Schwarze Gold" aus der Tiefe wird durch natürlichen Druck nach oben in die Rohrleitungen gepresst. Ein Barrel Rohöl kostet in Kuwait etwa 95 Cent, bevor es seine lange Reise nach Deutschland antritt. Die Sammelstation von Burgan wird von rund hundert Ölquellen gespeist. […] Täglich 1,8 Millionen Barrel Rohöl gehen von hier aus an Abnehmer in alle Welt.

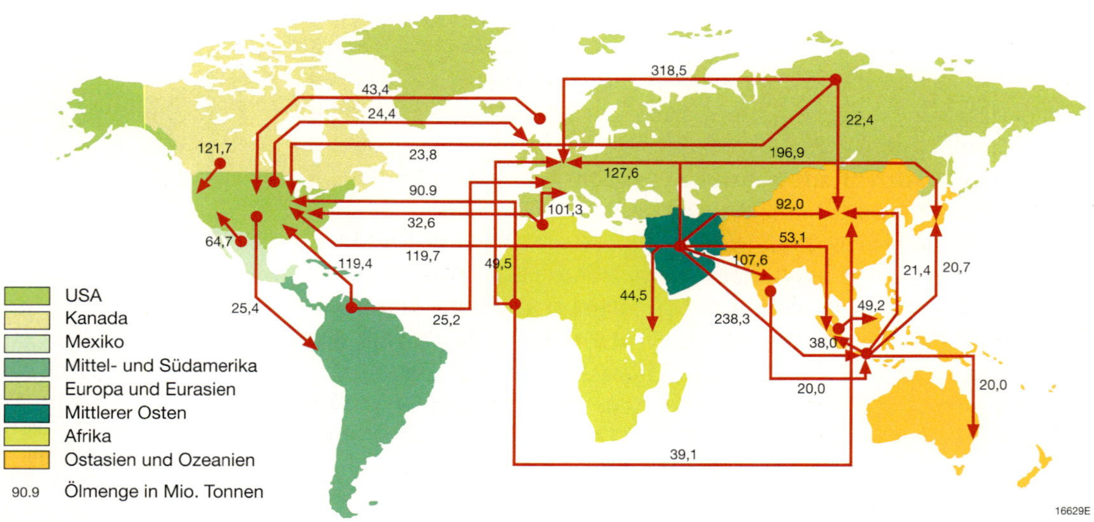

M 2: *Welthandelsströme des Erdöls (2008)*

6.3.2 Macht und Wohlstand durch Öl

Die großen Erdölgesellschaften profitieren von den Rekordhöhen des Ölpreises. Den Erdöl exportierenden Ländern hat der Rohstoff Reichtum und politischen Einfluss gebracht. Doch die Vorkommen sind endlich. Jetzt rüsten sich die Akteure für die Zeit nach dem Öl.

„Zuverlässigkeit, Verantwortung und Passion to Provide" – mit diesem Slogan wird man auf der Internetseite der staatlichen Ölgesellschaft Saudi Aramco begrüßt. Der Begriff „Passion" – Leidenschaft – erscheint in diesem Zusammenhang nicht unpassend: Täglich werden bei Saudi Aramco zehn Mio. Barrel Öl gefördert. Die Förderrate ist viermal so hoch wie bei der großen, privaten US-amerikanischen Fördergesellschaft Exxon und beträgt rund zehn Prozent der weltweiten Förderung. Diese enormen Ölmengen haben Saudi Aramco zum wertvollsten Unternehmen der Welt gemacht.

Big Five – Die wertvollsten Konzerne der Welt*

Konzern	Branche	Marktwert in Mrd. US-$ **
Saudi Aramco	Öl und Gas	781
Pemex (Mexico)	Öl und Gas	415
Petrólos de Venezuela	Öl und Gas	388
Kuwait Petroleum Corporation	Öl und Gas	378
Petronas (Malaysia)	Öl und Gas	232

* nicht börsennotiert ** geschätzt

M 3: *Die wertvollsten Konzerne der Welt (2007)*

Die Tatsache, dass Saudi Aramco drei Viertel des saudischen Staatshaushalts erwirtschaftet, verleiht dem Unternehmen eine enorme Macht. In der kleinen Stadt Dhahran, die den Firmensitz des erfolgreichsten Konzerns Saudi-Arabiens beherbergt, gelten daher andere Regeln und Freiheiten als im Rest des Landes. Auch andere Staaten verdanken ihren Wohlstand dem Export von Öl. Der steigende Ölpreis stellt für die Erdöl exportierenden Länder einerseits ein politisches Druckmittel dar, andererseits stehen sie in der Pflicht, eine ökonomische Grundlage für die Zeit nach dem Öl zu schaffen. War Erdöl lange Zeit Garant für Wohlstand und Entwicklung, so wird der Rohstoff heute immer mehr zu einem Faktor, der die Zukunft absichern soll. Denn die Vorräte sind endlich. Schnellstmöglich müssen Szenarien ersonnen werden, die es den Erdöl fördernden Staaten ermöglichen, auch ohne den Rohstoff international eine Rolle zu spielen und ihren Entwicklungsstand zu halten. Das liegt auch im Interesse der Handelspartner; schließlich hängt das wirtschaftliche und politische Gewicht der Länder nicht nur vom Ölexport ab. Durch den erworbenen Reichtum stellen sie bedeutende Absatzmärkte für Industrie- und Luxusgüter dar.

Ein anschauliches Beispiel für diese Entwicklung liefert das Emirat Abu-Dhabi. Seit im Jahr 1973 die Erdölfelder im Nahen Osten verstaatlicht wurden und der Ölpreis zwischen 1971 und 1980 von 1,42 US-$ auf 30 US-$ pro Barrel anstieg, hat Abu-Dhabi einen Sprung in die Moderne gemacht. Der Lebensstandard ist rasant gestiegen, international wird die

6.3

1. *Diskutieren Sie, welche Möglichkeiten sich den Erdöl exportierenden Ländern nach dem Versiegen der Ölquellen bieten.*
2. *Inwiefern ist eine stabile wirtschaftliche Entwicklung der Golfregion langfristig im weltpolitischen Interesse.*

gleichnamige Hauptstadt des Emirats inzwischen als eine der modernsten Metropolen der Welt angesehen. Das war nicht immer so: Noch bis in die 1960er-Jahre kennzeichneten einfache Bauten das Stadtbild Abu-Dhabis – teilweise gab es weder Elektrizität noch Kanalisation. Doch mit dem Ölboom kam auch der Reichtum. Heute ist Abu-Dhabi ein zentraler Ort für Handel, Wirtschaft und Industrie; der Tourismus floriert. Immer mehr Menschen wollen die Stadt kennen lernen, von der es heißt, sie übersteige alle Vorstellungskraft.

Mittlerweile bereitet sich das Emirat auf die Zeit nach dem Ölboom vor. Ein wichtiger Schritt ist die Reduzierung des Energieverbrauchs. Die Einwohner Abu-Dhabis verbrauchen pro Kopf doppelt so viel Energie wie die Deutschen und ein Viertel mehr als die Bürger der USA. Als Richtschnur für die Zukunft dient ein Plan zur Errichtung der ersten Ökostadt der Welt – Masdar-City (Baubeginn 02/08). Neben der Behebung von Versorgungsengpässen im eigenen Land soll die Ökooase eine globale Führungsrolle bei der Verwendung alternativer Energien spielen. Rat holt sich das Emirat beim WWF. Die Organisation soll prüfen, ob die Anforderungen an eine „grüne Stadt“ erfüllt werden.

M 1: Quellentext – auf dem Firmensitz von Saudi Aramco
Stölzel, T.: Wirtschaftswoche (2008)

Sind die saudischen Sicherheitskräfte am Tor überwunden, Fahrzeug und Ausweise kontrolliert, rollt man in eine andere Welt: Nicht nur, dass hier Frauen anders als im Rest des Landes Auto fahren dürfen. Innerhalb des umzäunten Firmenareals sieht es aus wie in einer kalifornischen Vorstadt – die Rasensprenger, die uniformen Wohnhäuser, die Basketballkörbe über den Garagen, selbst die Bordsteine sind typisch amerikanisch. In Sportkleidung joggende Einwohnerinnen und Baseball spielende Kinder gehören ebenso zu Dhahran wie dicke Geländewagen.

Bei einem per königlichem Dekret festgelegten Spritpreis von sieben Cent für den Liter Normalbenzin und zehn Cent für Super gilt hier noch das Motto, je größer das Auto, desto besser. In den Häusern und Büros fließt Strom aus amerikanischen Steckdosen, auch Lichtschalter und selbst Toilettenbecken sind aus den USA. „Nur der Wüstensand, der in jede Ritze kriecht, erinnert einen daran, dass man in Saudi-Arabien ist“, sagt ein deutscher Ex-Mitarbeiter des Unternehmens – natürlich gebe es weder Alkohol noch Schweinefleisch.

M 2: Quellentext über das Emirates Palace Hotel
Heimann, A.: Manager-Magazin (2007)

Der Gebäudekomplex mit 114 Kuppeln erscheint wie ein Sultanspalast und sieht schon von weitem einfach riesig aus. Die Palmen und Fontänen davor lassen an Versailles denken: So hätte der „Sonnenkönig“ wohl in Arabien gebaut. Die Farben der Fassade geben die verschiedenen Töne des Wüstensandes wieder. Es gibt 92 Luxus-Suiten und 302 Deluxe-Zimmer, insgesamt rund 7 000 Türen sowie 1 000 Kristallleuchter. Der hoteleigene Privatstrand ist 1,3 Kilometer lang – und um das Sieben-Sterne-Hotel, das im Februar 2005 eröffnet hat, zu Fuß zu umrunden, braucht man fast eine halbe Stunde. Mit seiner überraschend grünen Parklandschaft hat das Grundstück eine Fläche von einer Million Quadratmeter. Nachts strahlt das Gebäude mit Tausenden von Glühbirnen in die Dunkelheit. Wenn Scheich Khalifa bin Zayed andere Staatsoberhäupter einlädt, trifft er sie hier. Für Besucher ist das Hotel dann gesperrt. Ansonsten können Touristen sich im „Palace“ einen Arabischen Kaffee gönnen – und natürlich auch übernachten, das nötige „Kleingeld“ vorausgesetzt.

M 3: *Das Emirates Palace Hotel*

6.4 Kriege um Erdöl?

Nicht alle Länder verfügen über Ölreserven, die man aus der Erde pumpen könnte. Häufig haben jedoch gerade diese Staaten einen steigenden Bedarf nach dem „schwarzen Gold". Dieser Bedarf kann zu Konflikten führen.

Seitdem Erdöl zu einer entscheidenden Ressource geworden ist und der Ölpreis Rekordhöhen von über 100 US-$ pro Barrel erreicht hat, zerfällt die Welt zusehends in zwei Teile. Der eine Teil verkauft Öl und Gas und steigert damit seinen Wohlstand, der andere Teil ist auf den Einkauf des schwarzen Goldes angewiesen und muss dafür tief in die Tasche greifen. Die Folge ist eine ungleiche Verteilung von Macht und Reichtum. Wird Öl deshalb zum Treibstoff für Konflikte?

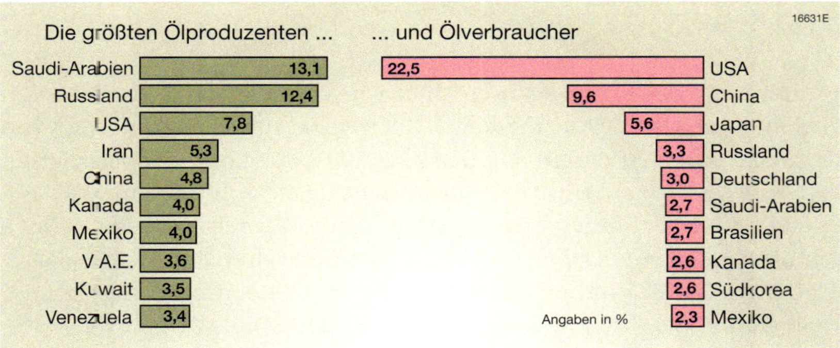

M 3: *Erdölproduzenten und -verbraucher (2008)*

Viele Förderländer, wie beispielsweise Saudi-Arabien, lehnen es ab, das Öl politisch zu instrumentalisieren. Diesen Staaten geht es darum, auf lange Sicht Profite zu erzielen, den Wohlstand auf einem hohen Niveau zu halten und die Rolle der nationalen Wirtschaft auf dem internationalen Markt zu stärken. Doch es gibt auch Länder, die das Öl bewusst als Waffe einsetzen, um sich politische Vorteile zu verschaffen oder um andere Länder von sich abhängig zu machen. Im Nahen Osten nimmt der Iran seit längerer Zeit eine solche Rolle ein. Im Jahr 2006 hat das Land die Ölvorräte als Druckmittel im Streit um sein Atomprogramm eingesetzt. Der iranische Wirtschaftsminister drohte mit einem drastischen Preisanstieg, falls dem Land Sanktionen auferlegt würden oder der Fall vor den UN-Sicherheitsrat käme. Ein erneuter Preisanstieg wäre für den Westen eine enorme Belastung, von der besonders die USA betroffen wären. In diesem Fall drohten nicht nur finanzielle Verluste, sondern auch weitere Auseinandersetzungen um die kostbare Ressource. Denn Bedarf schafft Konflikte, und die USA haben den weltweit größten Bedarf.

Die große Abhängigkeit Amerikas vom kostbaren Erdöl war nach Meinung vieler Experten einer der Auslöser für den Irak-Konflikt, der einen folgenschweren Krieg nach sich zog. Die ersten Angriffe begannen im März 2003. Vorgegebenes Ziel war der Sturz des amtierenden Machthabers Saddam Hussein. Als vordergründiger Anlass des Krieges galt der Verdacht, der Irak besitze Massenvernichtungswaffen. Ein Kommentator der New York Times vermutete ein anderes Motiv: „In jedem Krieg, den wir gegen den Irak starten, wird es definitiv auch um Öl gehen. Dies zu verleugnen ist lächerlich." Dennoch ist es wohl zu einfach, die Motive der USA für den Einmarsch in den Irak auf das Stichwort „Öl" zu reduzieren. Insgesamt ging es um die Sicherung der Vormachtstellung im militärischen wie ökonomischen Sinne.

M 1: Quellentext über den Ölbedarf der USA
Vorholz, F.: Die Zeit (2006)

Zwar ist die Ölsucht eine weltweite Krankheit. Auch die Deutschen leiden an ihr. Sie importieren sogar einen größeren Anteil ihres Ölbedarfs als die Amerikaner. Doch keine andere Volkswirtschaft verschlingt eben dermaßen große Mengen des Rohstoffs wie die amerikanische. Mit nur fünf Prozent der Weltbevölkerung steht sie für ein Viertel des weltweiten Ölkonsums. Weil das Gros der Ölvorräte, [...] im Boden weniger Staaten des Nahen Ostens lagert, gilt die Sucht danach als gefährlich. Als ernstes Sicherheitsproblem. Bush verspricht denn auch nicht zum ersten Mal, Amerika vom Öltropf abzunabeln. [...] Doch vollkommen unbeeindruckt davon wuchs nicht nur die Ölnachfrage der USA, sondern auch die Abhängigkeit Amerikas von Ölimporten.

Am Ende des Krieges war der Irak von seinem Machthaber Saddam Hussein und dessen Führungsclique befreit. Dafür war das Land jetzt von den USA und ihren Verbündeten besetzt, die den Irak in vier Besatzungszonen aufteilten und eine Übergangsregierung installierten. Anfang 2005 wurden die ersten freien und demokratischen Wahlen abgehalten. Doch die Auswirkungen des Krieges sind noch immer dramatisch. Viele Menschen wurden getötet, es wurden erhebliche Zerstörungen angerichtet. Noch immer hat das Land keine Ruhe gefunden – all das für Erdöl?

1. *Woran könnte es liegen, dass die USA einen so hohen Bedarf an Erdöl haben?*
2. *Diskutieren Sie die Motive für den Einmarsch der USA in den Irak?*
3. *Welche anderen Länder haben einen ähnlich hohen Bedarf an Erdöl wie die USA und wo versuchen sie, diesen zu stillen?*

Fazit Kapitel 6

Wasser und Erdöl bestimmen zu einem großen Teil das Leben der Menschen in den Staaten Nordafrikas und Vorderasiens. Wasser ist fast überall knapp und der „Durst" nach dieser Ressource wächst kontinuierlich. Daraus erwächst ein Konfliktpotenzial, das in vielen Regionen bereits zu Auseinandersetzungen zwischen den betroffenen Staaten oder Regionen geführt hat. Dagegen ist Öl in den Staaten, die über entsprechende Vorkommen verfügen, derzeit noch im Überfluss vorhanden. Aber auch dieser Überfluss kann zu Konflikten führen. Denn der Bedarf an Erdöl wächst, vor allem aufgrund der zunehmenden Industrialisierung der Schwellen- und Entwicklungsländer. Momentan stehen noch ausreichende Reserven zur Verfügung, um diesen Bedarf zu decken. Doch die Vorräte sind begrenzt. Schätzungen zufolge werden sie in etwa vierzig Jahren erschöpft sein. Viele der Ölstaaten suchen deshalb bereits jetzt nach ökonomischen Alternativen für das schwarze Gold.

7 Regionale und globale Verflechtungen

Die Länder Nordafrikas und Vorderasiens sind auf vielfältige Weise mit der übrigen Welt verbunden. Internationale Organisationen sorgen für einen regen Austausch untereinander und mit den Staaten anderer Regionen. Kulturelle und ökonomische Veränderungen bringt auch der internationale Tourismus. Reiseveranstalter, Investoren und Millionen von individuellen Touristen hinterlassen deutliche Spuren in den Gesellschaften und Landschaften der Länder jenseits des Mittelmeeres. Entwicklungszusammenarbeit und Arbeitsmigration sorgen für zusätzliche institutionelle und persönliche Verflechtung. Dass dabei auch der Süden den Norden verändert, belegen nachdrücklich die zunehmenden Direktinvestitionen der Golfstaaten in europäische Industrieunternehmen.

7.1 Internationale Organisationen

Die Länder Nordafrikas und Vorderasiens sind durch eine Reihe internationaler Organisation miteinander und mit anderen Weltregionen verbunden. Dazu zählen politische, religiöse und ökonomische Staatenverbünde wie die Arabische Liga, die Organisation der Islamischen Konferenz, die OPEC und die Union für die Mittelmeerländer.

Erdöl und Erdgas sind für viele Länder des altweltlichen Trockengürtels die bestimmenden Wirtschaftsfaktoren. Im Jahr 1960 haben sich 13 Erdöl exportierende Länder – davon acht aus der Region Nordafrika und Vorderasien – zu einem Kartell, der OPEC, zusammengeschlossen. Die Organisation erdölexportierender Länder ist eine in Bagdad gegründete multinationale Organisation mit Sitz in Wien. Auf einer halbjährlichen Konferenz werden Preise und Erdölfördermengen festgelegt, die für die Mitglieder verbindlich sind. Diese Absprachen sind der jeweiligen nationalen Erdölpolitik übergeordnet. Zwar sind nicht alle Öl exportierenden Länder Mitglieder der OPEC, die OPEC-Länder erzeugen jedoch den Großteil der weltweiten Erdölproduktion und können so den Erdölpreis entscheidend beeinflussen. Da die weltweite Industrieproduktion in hohem Maße vom Erdöl abhängt, kann die OPEC über Fördermengen und Preisabsprachen großen Einfluss auf die Weltkonjunktur nehmen. Insbesondere die arabischen Erdölexporteure nehmen aufgrund ihrer finanziellen Möglichkeiten Einfluss auf die Politik der Nachbarstaaten.

Als ausdrücklich politischer Verbund versteht sich die im Jahr 1945 gegründete Arabische Liga oder die Liga der Arabischen Staaten – bestehend aus 21 arabischen Nationalstaaten und der Palästinensischen Autonomiebehörde. Das verbindende kulturelle Element ist die arabische Sprache. Als Hauptziele gelten die Koordination der politischen Aktivitäten der Mitglieder sowie die Sicherung des Friedens einschließlich einer kollektiven Verteidigung. Darüber hinaus wurde eine Zusammenarbeit auf den Gebieten Kultur, Wirtschaft, Recht, Verkehr und Gesundheit ver-

OPEC

Die Organization of the Petroleum Exporting Countries ist ein Zusammenschluss von 13 Erdöl exportierenden Ländern. Das offizielle Ziel der OPEC sind stabile Ölpreise für den Weltmarkt durch regulierte Fördermengen.

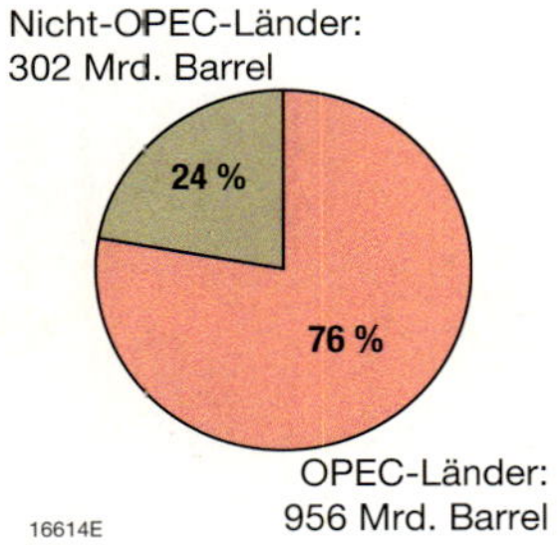

M 1: *Weltweite Verteilung der Erdölvorkommen*

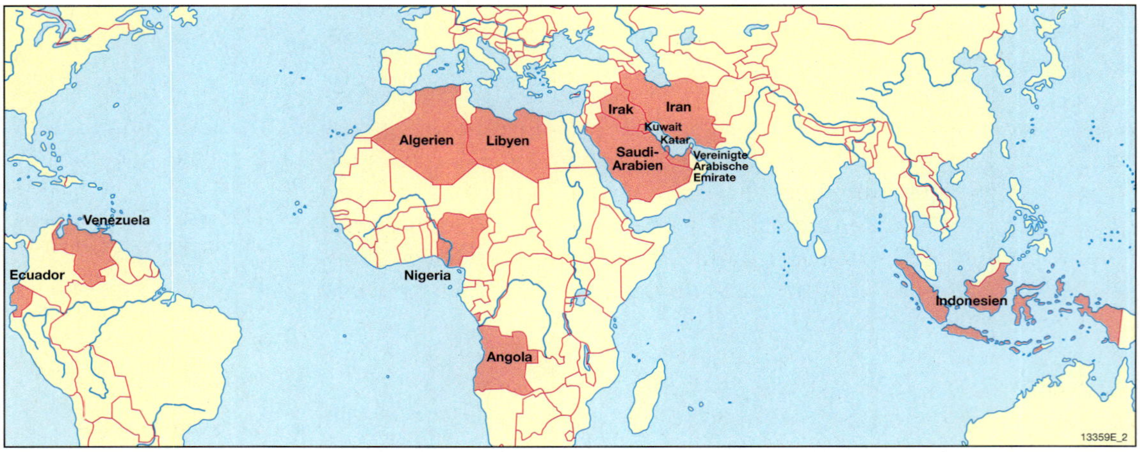

M 2: *Mitgliedsländer der OPEC*

M 3: *Die Mitgliedstaaten der Arabischen Liga*

einbart. Die Anerkennung und Gründung eines unabhängigen Staates Palästina ist eines der wichtigsten Anliegen der Organisation. Die Mitglieder verpflichten sich, ihre Politik aufeinander abzustimmen, gleichzeitig aber die Unabhängigkeit und Souveränität der Einzelstaaten zu garantieren. Weitere Grundsätze sind Nichteinmischung in innere Angelegenheiten, Gewaltverbot und friedliche Streitschlichtung. Die Arabische Liga verfügt – ähnlich den Vereinten Nationen und der Europäischen Union – über zahlreiche Unterorganisationen.

In den westlichen Medien eher selten genannt wird die „Organisation der Islamischen Konferenz", ein religiös geprägter Verbund, der im Jahr 1969 gegründet wurde, mit dem Anspruch, die islamische Welt zu repräsentieren. Die Motivation zur Gründung der internationalen Organisation mutet für westliche Beobachter eigenwillig an, ist aber aus muslimischer Sicht gut nachvollziehbar: die politische Forderung zur Befreiung der Stadt Jerusalem und der Al-Aqsa Moschee auf dem Tempelberg, die damals vollständig im Einflussbereich des israelischen Staates lagen. Das wichtige Pilgerziel sollte für gläubige Muslime wieder frei zugänglich sein. Heute hat die Organisation der Islamischen Konferenz mit ihren 58 Mitgliedsstaaten (fünf Staaten mit Beobachterstatus) Ziele wie Demokratie und Menschenrechte aus islamischer Sicht, Rechtsstaat und Good Governance auf ihre Fahnen geschrieben. In den letzten Jahren setzte sich die Vereinigung insbesondere für muslimische Minderheiten und gegen eine anti-islamische Medienberichterstattung ein.

M 4: *Flagge der Organisation der Islamischen Konferenz*

Ein weiteres Beispiel für die internationale politische Verflechtung der Region ist die im Jahr 2008 auf Betreiben des französischen Staates gegründete Union für das Mittelmeer. Dieser Zusammenschluss aus allen EU-Staaten und allen Mittelmeer-Anrainer-Staaten (mit Ausnahme von Libyen) umfasst 43 Länder und tritt für eine Reihe von ehrgeizigen ökonomischen und politischen Zielen ein: ein sauberes Mittelmeer, transnationale Verkehrsinfrastruktur, integrierter Katastrophenschutz sowie Zusammenarbeit bei Energie- und Bildungsfragen, Frieden ohne Massenvernichtungswaffen im Nahen Osten. Die Einrichtung der Union demonstriert die historische und faktische Verflechtung von Nordafrika und Vorderasien mit Europa. Der Zusammenschluss könnte der Beginn einer Aufhebung der Trennung von „Orient" und „Okzident" sein und Länder beider Weltregionen zu normalen, alltäglichen Nachbarn machen.

1. *Welche identischen Ziele finden sich in den Programmen aller vier im Text genannten internationalen Organisationen wieder?*
2. *Diskutieren Sie die Risiken und Chancen transnationaler Kooperationen, wie sie die OPEC darstellt.*
3. *Was tragen die internationalen Organisationen zur Weltgesellschaft bei?*

7.2 Reisen in den „Orient“

Ein europäisch dominierter Massentourismus ist typisch für die Länder Nordafrikas und Vorderasiens. Die konventionellen Formen des Bade- und Besichtigungstourismus werden heute durch alternative Angebote und die Möglichkeit des Erwerbs von Zweitwohnsitzen ergänzt.

Seit den 1970er-Jahren wurden einzelne Regionen Nordafrikas und Vorderasiens gezielt für den europäischen Massentourismus erschlossen. Vorherrschend waren der klassische Badeurlaub in Tunesien und in der Türkei sowie der Besichtigungs- und Kulturtourismus etwa als Rundreise zu den Königsstädten Marokkos, den Pyramiden in Ägypten, nach Petra in Jordanien, nach Balbeck im Libanon oder nach Palmyra in Syrien. In jüngerer Zeit haben sich vor allem in Nordafrika neue Formen des Reisens entwickelt, die in entlegene, touristisch noch nicht erschlossene Räume vordringen.

M 1: Quellentext zum Trekking in Marokko
Brauns, P.: Die Zeit (1991)

Für Trekker auf der Suche nach ausgefallenen Zielen gibt es jetzt in Marokko eine neue Route. Das Projekt soll die Existenz von Bergbauern sichern. Den Namen des Weges […] „Große Durchquerung der marokkanischen Atlasgebirge“, darf man nicht wörtlich nehmen, denn die Tour wird eben erst entwickelt. Die Pilotregion für die „große Durchquerung“ liegt in der Mitte des Hohen Atlas, etwa 150 Kilometer östlich des Djebel Toubkal, des mit 4 165 Metern höchsten Berges Nordafrikas. Es ist eine Landschaft mit voralpinem Charakter, durchzogen von tiefen Tälern und Schluchten. Auf den terrassenförmigen Ackern der Berberdörfer, die oft nur auf Maultierpfaden zu erreichen sind, werden Mais, Gerste, Tomaten, Karotten, dazu Walnüsse und Mandeln angebaut. Bergtourismus soll hier als Teil einer Regionalentwicklung gehandhabt werden nach dem Motto: Wenn Besucher kommen, entsteht eine Nachfrage nach Produkten der örtlichen Landwirtschaft und des Handwerks.

1. *Diskutieren Sie die verschiedenen Strategien, mithilfe des internationalen Tourismus die Wirtschaft des Landes zu entwickeln. Stellen Sie Vor- und Nachteile gegenüber.*
2. *Versuchen Sie zu erklären, warum einige Staaten westlichen Investitionen gegenüber aufgeschlossen sind, während andere Staaten diese Investitionen ablehnen.*
3. *Was könnte Sie bewegen, in der Türkei oder in Marokko ein Wohnhaus zu kaufen? Welche Motive haben Ihrer Meinung nach andere Käufer solcher Häuser? Vergleichen Sie die Motive mit den Interessen des jeweiligen Gastlandes.*

Insbesondere in den nordafrikanischen Staaten Marokko und Tunesien haben sich spezielle Erlebnisformen des touristischen Angebots etabliert: Rundwanderungen mit Kamelen als Wüstentourismus, geführte Touren mit Eseln als Trekking- und Gebirgstourismus, exklusiver Golftourismus in exotischer Landschaft an der Küste oder in der Wüste, Filmtourismus zu den Drehorten von Hollywoodproduktionen. In Ägypten kommt insbesondere am Roten Meer der Tauchtourismus hinzu. Mit solchen Alternativen wird einerseits eine neue und jüngere Touristenklientel angesprochen, gleichzeitig werden die peripheren Regionen der Länder erschlossen. Dahinter steht auch der Versuch, den Massentourismus als Instrument für die Armutsbekämpfung zu nutzen. Mit der Erschließung der Peripherie soll der Abbau regionaler Entwicklungsunterschiede zwischen Stadt und Land sowie zwischen Küste und Gebirge weiter vorangetrieben werden.

Darüber hinaus soll die Tourismusindustrie ausländische Direktinvestitionen ins Land ziehen, um das Bruttonationaleinkommen zu steigern, neue Arbeitsplätze zu schaffen und praktisches Wissen zu transferieren. Allerdings ist es in vielen arabischen Ländern Unternehmen oder Einzelpersonen aus dem nichtarabischen Ausland unmöglich, Grundstückseigentum zu erwerben, oder der Immobilienmarkt ist aufgrund behördlicher Vorschriften für ausländische Investoren verschlossen. Ausnahmen bilden Ägypten, Tunesien und Marokko. Dort haben sich die generellen Bedingungen für ausländischen Immobilienbesitz und für Investitionen seit den 1990er-Jahren grundlegend geändert. Trotz der generellen Marktöffnung werden die meisten großen touristischen Hotelanlagen jedoch nach wie vor von lokalen oder arabischen Investoren betrieben. Dieses Bild überrascht insofern, da ansonsten weltweit westliche Tourismusunternehmen den Markt dominieren.

Anders sieht es beim privaten Immobilienbesitz aus: Zunehmend errichten in Marokko und in der Türkei Europäer ihre Zweit- und Alterswohnsitze. In der Türkei betrifft dies vor allem die Mittelmeerküste, die vorwiegend europäische Rentner anzieht. In der Stadt Alanya, wo sich inzwischen nahezu 10 000 Ausländer niedergelassen haben, spielt die deutsche Klientel eine Hauptrolle. In Marokko sind hauptsächlich die Altstädte das Ziel europäischer Investoren: In Marrakesch, Fès und in den anderen mittelalterlich wirkenden Altstädten kaufen immer häufiger Europäer städtische Wohnhäuser. Besonders in Marrakesch hat der Anteil an ausländischem Immobilienbesitz deutlich zugenommen (vgl. S. 86 M1). Anziehungskraft besitzen insbesondere jene Stadtviertel, die auf die Westler wie Kulissen aus den Erzählungen von Tausendundeiner Nacht wirken oder die man bereits aus anderen Darstellungen des Orients oder der Stadt selbst in Film und Literatur kennt. In den letzten Jahren sind zunehmend die idyllischen Landschaften im Süden Marokkos zu beliebten Standorten für europäische Ferien- und Gästehäuser geworden.

Das Tourismuspotenzial der Levante-Staaten Israel, Palästina, Syrien und Jordanien ist fast noch umfangreicher als in den nordafrikanischen Staaten. Grundsätzlich bestehen die gleichen Entwicklungschancen für den Tourismus wie in Tunesien, Marokko und Ägypten. Dies bezieht sich sowohl auf die zahlreichen römischen Ruinenstätten, die noch vorhandenen Bauten der Byzantiner und Osmanen sowie die märchenhaften Basare der Städte und die traditionellen Dörfer. Hinzu kommen idyllische Bergregionen, Täler und Küsten sowie typische Naturschauspiele der Region. Ein Motor für die touristische Entwicklung der Region ist nicht zuletzt das „Heilige Land" Palästina als wichtigstes Ziel christlicher Pilger aus aller Welt, die mit der Pilgerfahrt häufig eine Rundreise durch die benachbarten Staaten verbinden. Diese Form des Tourismus ist jedoch nur eingeschränkt möglich, da aufgrund der politischen Verhältnisse ein ungehindertes Reisen in Israel nicht möglich ist, auch der Grenzübertritt in die benachbarten Staaten ist problematisch. Andere Staaten fördern zwar den internationalen Tourismus, schränken jedoch die Zahl der Besu-

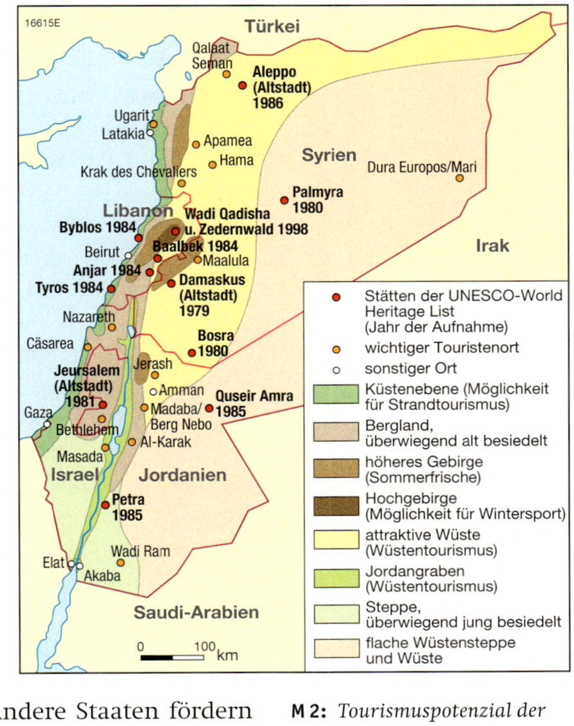

M 2: *Tourismuspotenzial der Levante-Staaten*

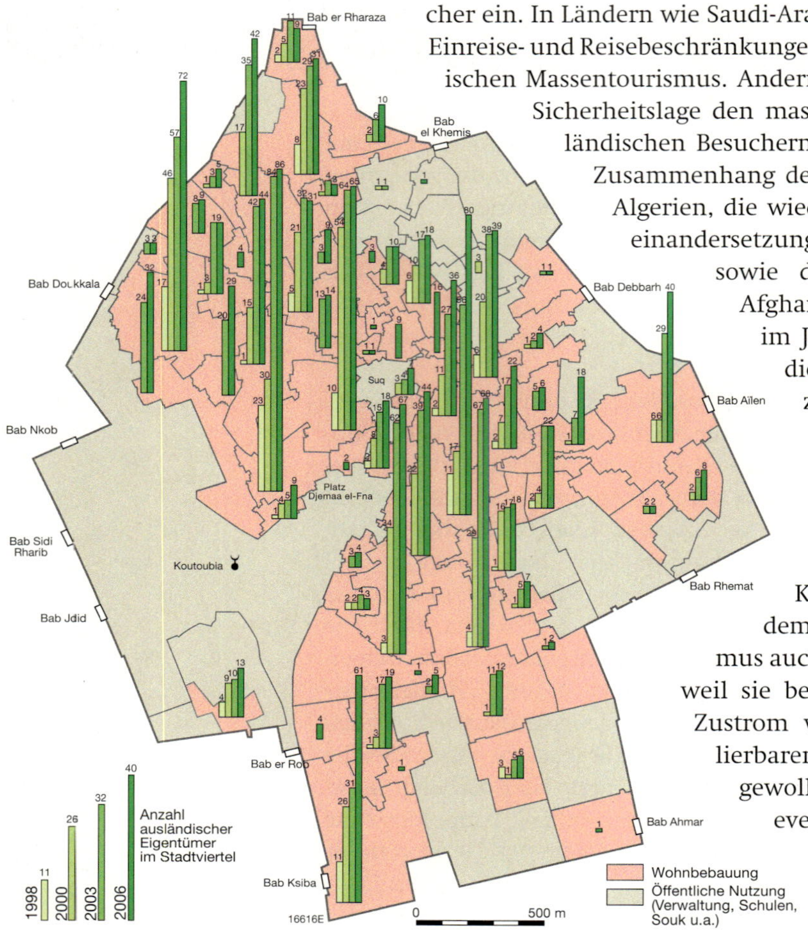

M 1: *Entwicklung des ausländischen Immobilienbesitzes in der Altstadt von Marrakesch*

cher ein. In Ländern wie Saudi-Arabien oder Libyen verhindern Einreise- und Reisebeschränkungen das Entstehen eines europäischen Massentourismus. Andernorts bremst die bedrohliche Sicherheitslage den massenhaften Zustrom von ausländischen Besuchern. Zu nennen sind in diesem Zusammenhang der langjährige Bürgerkrieg in Algerien, die wiederholten kriegerischen Auseinandersetzungen im Irak und im Libanon sowie die Selbstmordanschläge in Afghanistan und die Entführungen im Jemen. Andere Regionen wie die Scheichtümer am Golf setzen von vornherein auf einen elitären Tourismus, der für den europäischen Durchschnittsbürger nicht zu bezahlen ist. Dahinter steckt nicht nur wirtschaftliches Kalkül. Diese Länder stehen dem europäischen Massentourismus auch deshalb kritisch gegenüber, weil sie befürchten, ein ungehemmter Zustrom würde in einem unkontrollierbaren Maße fremde Einflüsse, ungewollte kulturelle Praktiken und eventuell nicht erlaubte Handlungen importieren. Tatsächlich zeigen Beispiele aus anderen arabischen Ländern, dass die Begegnung von Touristen und Einheimischen im Zusammenspiel mit dem Konsum globaler Medien entsprechende Auswirkungen haben kann.

In den Ländern Nordafrikas und Vorderasiens gibt es nicht nur westliche Touristen. Der Anteil der im Ausland arbeitenden und lebenden Marokkaner, Algerier und Tunesier am saisonalen Besucherstrom ist erheblich. So machen sich beispielsweise in Frankreich, den Niederlanden und Deutschland alljährlich über zwei Mio. Menschen auf, um in Marokko ihre Verwandten zu besuchen. Allein der Pilgertourismus nach Saudi-Arabien in die heiligen Städte Mekka und Medina schlägt mit jährlich weit über zwei Mio. muslimischen Pilgern aus aller Welt zu Buche (vgl. Atlas).

M 2: Quellentext über ausländische Investitionen in arabischen Ländern
Huhn, K.; Vorholz, F.: Die Zeit (2009)

Ausländisches Kapital ist gleichwohl ausgesprochen rar im arabischen Raum. Nicht mehr als 0,26 Prozent der deutschen Direktinvestitionen fließen in die Nahost-Region. Während arabische Investoren in Deutschland Firmenanteile im Wert von mehr als 50 Milliarden Mark halten, sind es umgekehrt nicht einmal zwei Milliarden Mark – nicht zuletzt wegen rigider Vorschriften für die Privatisierung von Staatsunternehmen. Sämtliche ausländische Direktinvestitionen in den 17 arabischen Staaten lagen 1999 bei nur 0,3 Prozent der Wirtschaftsleistung dieser Länder; der Durchschnittswert für alle Entwicklungsländer beträgt fast das Zehnfache.

7.3 Entwicklungszusammenarbeit

Zu Beginn der 1960er-Jahre bedeutete Entwicklungshilfe, die Länder des Südens am Wissen und am Reichtum der Industrieländer teilhaben zu lassen. In den 1990er-Jahren wurde dieser Ansatz von der partnerschaftlichen Entwicklungszusammenarbeit abgelöst. Diese verbindet und vernetzt Nord und Süd auf institutioneller und individueller Basis.

Entwicklung muss heißen erstens regionsspezifische Überlebenssicherung und zweitens langfristige Befriedigung menschlicher Grundbedürfnisse auf der Basis nachhaltiger Nutzung lokal vorhandener natürlicher und sozialer Ressourcen und unter selbsthilfeorientierter Partizipation der Bevölkerung. Sie muss auf Gleichheit, Freiheit, Menschenwürde, politische/demokratische Beteiligung, Solidarität und (kulturelle) Toleranz gerichtet sein.

M 3: Quellentext – Definition Entwicklung
Scholz, F.: Geographische Entwicklungsforschung (2004)

Seit Gründung der Organisation für Wirtschaftliche Zusammenarbeit (OECD) im Jahr 1961 versuchen die reichen Staaten der Welt, auf nationaler und internationaler Ebene (Vereinte Nationen, Europäische Union) Entwicklungszusammenarbeit zu fördern. Darüber hinaus sind zahlreiche religiöse, politische und private Organisationen an der Entwicklungszusammenarbeit beteiligt. Entwicklungszusammenarbeit kann als letzte Stufe der partnerschaftlichen und gleichberechtigten Verflechtung von Nordländern und Südländern angesehen werden. Die Erdölkrise der Jahre 1973 und 1974 und die Zeitenwende des Jahres 1989 (Mauerfall, Ende des Kalten Krieges) haben die Ziele und Methoden der ehemals als Entwicklungshilfe bezeichneten Programme maßgeblich verändert. Während zuvor viele der Maßnahmen zentral gesteuert und als Hilfe von außen durchgeführt wurden, besteht heute Konsens darüber, dass man bei den kommunalen Institutionen ansetzen muss, auf der Basis von Kooperation und Partizipation. Im Vordergrund steht dabei das Prinzip der Good Governance. Wichtige Elemente sind die Dezentralisierung und die Stärkung der Rolle der Frauen, die im öffentlichen Leben der muslimischen Gesellschaften oftmals nur untergeordnete Positionen bekleiden. Im Rahmen von Länderprogrammen betreibt die Bundesrepublik Deutschland nach Stand des Jahres 2008 eine intensive bilaterale Entwicklungszusammenarbeit mit Ägypten, dem Jemen, Marokko, Syrien sowie den palästinensischen Autonomiegebieten; im Rahmen regionaler oder thematischer Programme mit Jordanien, Tunesien, Libanon und Algerien. Betrachtet man die konkrete Entwicklungszusammenarbeit der Bundesrepublik Deutschland mit den Ländern Nordafrikas und Vorderasiens, so lassen sich drei Problemkreise isolieren:

- gravierende physische und kulturelle Existenzprobleme sowie Probleme der Region und der Gesellschaften
- Probleme der Erde und ihrer Bewohner, die besonders deutlich in Nordafrika und Vorderasien auftreten
- individuelle, existenzielle Probleme der einzelnen Länder.

Entwicklungszusammenarbeit
Beschreibt gemeinsames Bestreben der Entwicklungspartner nach regionsspezifischer Überlebenssicherung und nach langfristiger Befriedigung menschlicher Grundbedürfnisse auf der Basis von Menschenwürde und Demokratie.

Good Governance
Orientierung staatlichen Handelns an Menschenwürde und Menschenrechten, um auf der Basis von Demokratie und Zivilgesellschaft sowie der Entfaltung von Gesellschaft und Wirtschaft eine gerechte und nachhaltige Entwicklung zu erzielen

M 1: *Entwicklungszusammenarbeit: Trinkwasserprojekt der GTZ im Jemen*

Der erste Komplex lässt sich im Prinzip auf zwei Begriffe reduzieren: Wasser und Bildung. Wasser ist einer der größten Problem- und Konfliktbereiche in den Ländern Nordafrikas und Vorderasiens. Deshalb ist es verständlich, dass sich die Bundesrepublik Deutschland bei der Entwicklungszusammenarbeit mit den Ländern Marokko, Tunesien, Ägypten, Libanon, Syrien, Jordanien und Jemen auf dieses Thema konzentriert und ihr Know-how zur Verfügung stellt, um eine gemeinsame Strategie zur Modernisierung des Wassersektors zu erarbeiten. Neben Management- und Planungsfragen widmen sich die deutschen Projekte der Trinkwasser- und Wasserversorgung, der Abwasserentsorgung und Wasseraufbereitung sowie – falls möglich – der Nutzung von Wasserkraft. In Ägypten kommt die Be- und Entwässerung in der Landwirtschaft und in Jordanien Grundwasserschutz und die Verbesserung des Leitungsnetzes hinzu. Ebenso große Bedeutung beim Aufbau einer gerechten Gesellschaft im Sinne des Good Governance-Prinzips hat die Verbesserung der Bildungschancen. Mit den Staaten Jordanien, Jemen, Tunesien, Libanon und Syrien kooperiert Deutschland – je nach Bedarf – beim Bau oder Wiederaufbau von Schulen, der Grundbildung, der beruflichen Bildung sowie im Hochschulbereich.

Der zweite Komplex berührt mit den Themen Umwelt und Energie Problembereiche, die weltweit von Interesse sind, da sie die gesamte Erde und insbesondere die Industriegesellschaften konkret betreffen. Durch Projekte zu erneuerbaren Energien wie Wind- und Solarkraft und zur Steigerung der Energieeffizienz in Marokko, Mauretanien, Tunesien, Ägypten, Jordanien und im Libanon wird der Umweltschutz in diesen Ländern gestärkt. Den kulturellen Interessen der Weltgemeinschaft dient die Erhaltung und Förderung des Weltkulturerbes in syrischen und ägyptischen Städten. Die historischen Stadtteile werden durch spezifische Maßnahmen saniert und genutzt. Gleichzeitig wird auf diese Weise die lokale Identität ihrer Bewohner gestärkt. Der Erhalt der historischen Architektur kommt darüber hinaus dem touristischen Potenzial der Länder zugute und erfüllt damit auch eine ökonomische Funktion.

1. *„Man sollte die Entwicklungszusammenarbeit einstellen und alle Länder und Menschen über sich selbst bestimmen lassen!" Diskutieren Sie diese Handlungsaufforderung und zeigen Sie mögliche Konsequenzen für die Bundesrepublik Deutschland auf, die aus einem derartigen Verhalten resultieren würden.*
2. *Beschreiben Sie mit eigenen Worten den Unterschied zwischen Entwicklungshilfe und Entwicklungszusammenarbeit und recherchieren Sie z.B. im Internet Beispiele für beide Ansätze.*
3. *Warum bildet Good Governance eine notwendige Voraussetzung für effektive Entwicklungszusammenarbeit?*

Im dritten Bereich der Entwicklungszusammenarbeit werden landesspezifische und lokale Probleme in Angriff genommen: In Marokko und Tunesien betrifft dies die nachhaltige Wirtschaftsentwicklung und -modernisierung. In der Abfallwirtschaft werden Strategien zur Müllbeseitigung und zum Recycling getestet und etabliert. In Mauretanien steht „Gute Regierungsführung" sowie Landwirtschaft und Fischerei im Vordergrund. In Tunesien unterstützt man die Streitkräfte bei der Instandsetzung von Fahrzeugen, ein weiteres Projekt widmet sich der Einrichtung einer Blutbank. In Ägypten fördert die deutsche Regierung die Beteiligung von Frauen an gesellschaftlichen Aufgaben. In Syrien werden die Wirtschaftsreformen des Landes begleitet. Nach Algerien werden Fachkräfte für unterschiedliche Aufgaben entsandt. Das ärmste Land der gesamten Region, der Jemen, wird in einer ganzen Reihe von Bereichen unterstützt: Ernährung, integrierte Fachkräfte, Stipendienprogramme und Schuldenerlass. Im bürgerkriegsgeplagten Libanon unterstützt man den Wiederaufbau eines zerstörten palästinensischen Flüchtlingslagers. Ebenfalls Wiederaufbau und humanitäre Hilfe leistet die deutsche Entwicklungszusammenarbeit im Irak. Die Unterstützung kommt in erster Linie Menschen zugute, die sich im Land selbst oder im benachbarten Ausland auf der Flucht befinden und soll helfen, das Schicksal der Betroffenen zu erleichtern.

Land	Zeitraum	Betrag
Marokko	2008/09	98,5 Mio. €
Tunesien	2007/08	92,5 Mio. €
Ägypten	2008/09	187,0 Mio. €

M 2: *Finanzielle Zusagen der BR Deutschland an nordafrikanische Staaten (2009)*

Eine Reform der Sozialpolitik in den arabischen Ländern ist dringend erforderlich. Ihr Hauptproblem besteht nicht in einem Mangel an verfügbaren finanziellen Mitteln, sondern in deren ineffizienter Verwendung, die auch Nachhaltigkeitsprobleme mit sich bringt. V. a. aber haben große Teile der Bevölkerung keinen Zugang zu den bestehenden Sozialsystemen – insbesondere die informell Beschäftigten. Mögliche Ansatzpunkte für EZ bestehen bei der Reform der Sozialversicherungsanstalten, bei der Reorganisation der öffentlichen Gesundheitssysteme, bei der Verbesserung des targeting der Sozialhilfeprogramme und beim Aufbau spezieller Sozialversicherungen für informell Beschäftigte. Allerdings verweigern sich die meisten Regierungen in der Region bislang – außer im Gesundheitsbereich – den von der Gebergemeinschaft geforderten sozialpolitischen Reformen. EZ ist daher zum gegenwärtigen Zeitpunkt am ehesten bei der Förderung selbstorganisierter und zivilgesellschaftlicher Systeme der sozialen Sicherung (etwa Kleinstversicherungen) sinnvoll. Zu beachten ist dabei, dass in einigen Ländern rigide Vereinsgesetze den Handlungsspielraum von NRO und Selbsthilfegruppen einschränken.

M 3: Quellentext zur Sozialpolitik in den arabischen Ländern
Homepage des Deutschen Instituts für Entwicklungspolitik (2009)

Die praktische Durchführung der Zusammenarbeit findet sowohl im Zielland wie auch in Deutschland statt. Je nach Problemkreis, Gegenstand und Ziel des konkreten Projektes wechseln Personen, Güter oder Kapital zwischen den Standorten hin und her. Durch die intensive Kommunikation und den gegenseitigen Austausch von Fertigkeiten und Know-how entstehen so auf unterschiedlichen Ebenen neue Beziehungen und Verflechtungen. Dies betrifft nicht nur Personen, sondern auch Institutionen, die oft über die Entwicklungszusammenarbeit hinaus miteinander agieren.

7.4 Global Communities

Global Communities bilden Netzwerke von Individuen und Gruppen, die weltweit über den Erdball verteilt leben. Trotz großer Entfernungen definieren sich diese Gruppen weiterhin über ihre gemeinsame Herkunft oder ethnische Zugehörigkeit.

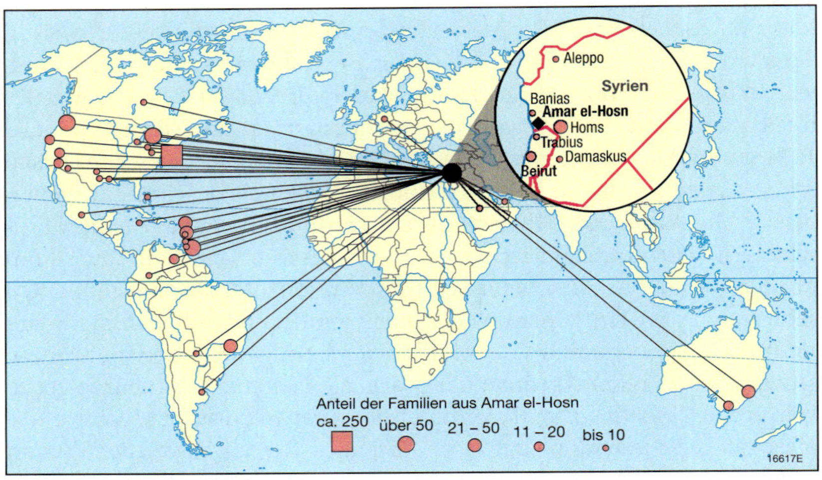

M 1: *Verteilung der Familien aus dem syrischen Dorf Amar el-Hosn über die Welt.*

Menschen gleicher Herkunft, die aus dem gleichen Dorf oder der gleichen Stadt stammen, leben heute oftmals weit entfernt voneinander an unterschiedlichen Orten der Erde. Man bezeichnet diese weit vertreuten Gruppen mit gleicher Abstammung als Global Communities. Aufgrund ihrer Organisationsform haben segmentär geprägte und in Ethnien organisierte Gesellschaften in Zeiten der Globalisierung optimale Voraussetzungen, eine Global Community hervorzubringen. Heute trifft man fast überall auf der Welt Menschen aus den Staaten Vorderasiens. Die Anfänge dieser Global Communities gehen zurück auf das Ende des 19. Jahrhunderts, als viele Einwohner des Libanons, aus Syrien und aus Palästina ihre Heimat verließen. Im Laufe des 20. Jahrhunderts wurde durch Flucht, Vertreibung und Arbeitsmigration der Grundstein zur weiteren Ausbildung von Global Communities gelegt. Die Migranten wählten ihre Ziele je nach den politischen Rahmenbedingungen der Herkunftsländer sowie den Einwanderungsregeln und potenziellen Arbeits- und Verdienstmöglichkeiten in den Aufnahmeländern. Ein typisches Beispiel bietet die Global Community des syrischen Dorfes Amar el-Hosn. Da die heimische Landwirtschaft nur wenig Verdienstmöglichkeiten bot, wanderten die christlichen Bewohner des im Küstengebirge gelegenen Ortes zunächst in die größeren Städte der Umgebung ab. Die erste, zunächst rein männlich geprägte Migration nach Amerika fand noch vor der Wende zum 20. Jahrhundert statt. Einige der Auswanderer kehrten nach Amar el-Hosn zurück, um ihre Verwandten nachzuholen, und stellten so die Verbindung zwischen dem Auswandererort und dem Zielort in Übersee her. Die Aus- und Weiterwanderung verschlug die Dorfbewohner und deren Nachkommen in zahlreiche Länder der Welt und schaffte damit die Basis für den Aufbau einer Global Community und eines globalen Netzwerkes auf vier Kontinenten.

Global Community
Ethnische Gruppe, deren Angehörige in mehreren Staaten der Welt in sozialer Gemeinschaft (meist ökonomisch erfolgreich) verstreut leben und insbesondere den mentalen, religiösen und kulturellen Bezug zu ihrem Herkunftsort u. a. als Identität stiftendes Element nutzen

1. *Welche Rahmenbedingungen und Faktoren tragen im Kontext der Globalisierung zur Ausbildung von Global Communities bei?*
2. *Welche Vorteile bringt die Zugehörigkeit zu einer Global Community den einzelnen Mitgliedern und der Gruppe insgesamt. Nennen Sie Beispiele.*

7.5 Direktinvestitionen in Europa

Durch den Ölexport verfügen die reichen Ölstaaten der Golfregion über reichlich Kapital, das bereits zu Beginn des Ölbooms teilweise in westliche Industriefirmen investiert wurde. Heute haben diese Investitionen stark zugenommen.

Mitte der 1970er-Jahre kam es zu einem drastischen Anstieg des Ölpreises, der im Westen als Ölpreisschock wahrgenommen wurde, den Golfstaaten jedoch satte Gewinne bescherte. Kurz darauf begannen deren Vertreter, ihr Kapital in lukrative Firmen in Europa zu investieren. Bereits im Jahr 1974 wurde Kuwait der größte Einzelaktionär bei Daimler. Reiche Ölstaaten wie Iran beteiligten sich an Firmen wie Krupp und Thyssen, Kuwait bei Hoechst. Die exakte Höhe solcher Direktinvestitionen zu beziffern, ist schwierig, da zahlreiche arabische und andere ausländische Investoren über Mittelsmänner und Fonds arbeiten, um damit ihre Identität zu verschleiern. Der Öffentlichkeit bekannt geworden sind lediglich die offensichtlichen Investitionen. Die weitere Entwicklung der arabischen Finanzinvestitionen ist nur bedingt absehbar, die Folgen für die europäische Wirtschaft sowie die möglichen konkreten Auswirkungen auf die europäischen Gesellschaften sind nur zu erahnen. Deutlich ist jedoch schon jetzt, dass die arabischen Investitionen in westliche Banken und Industriefirmen die wechselseitigen Verflechtungen und gegenseitigen Abhängigkeiten verstärken.

1. *Worin bestehen die grundlegenden politischen Gefahren für einen Industriestaat bei ausländischen Direktinvestitionen?*
2. *Welche Vorteile bieten Immobilieninvestitionen von europäischen Staatsbürgern im arabischen Ausland?*
3. *Suchen Sie in deutschen Tageszeitungen der letzten Wochen, die sich mit Kapital und Finanzen beschäftigen, Artikel, die Informationen über ausländische Direktinvestitionen bieten und fassen Sie diese zusammen.*

In der Schweiz investieren viele arabische Geldgeber in die Tourismusbranche. Der Staatsfonds von Qatar kaufte für 300 Millionen Franken das Hoteldorf auf dem Bürgenstock zu 100 Prozent. Der Fonds hat auch im Berner Hotel Schweizerhof und im Royal Savoy in Lausanne investiert. Der Staatsfonds von Qatar und private Investoren des Fonds Olayan (Saudiarabien) investierten letzten Herbst 10 Milliarden Franken in die Credit Suisse. Sie erhöhten ihre Beteiligung von 3 Prozent, auf wie viel genau, ist unklar.
Die AIG Private Bank in Zürich ging im Herbst komplett in arabische Hände über: Auch hier langte ein Staatsfonds aus Abu Dhabi für 307 Millionen Franken zu. Bei der UBS stockten unbekannte Investoren „aus dem arabischen Raum" gemeinsam mit dem Staatsfonds von Singapur ihre Anteile mit 13 Milliarden Franken auf insgesamt 8,44 Prozent auf. In Deutschland ist DIFC Investments (Dubai) mit 2,2 Prozent an der Deutschen Bank beteiligt und somit einer der grösseren Aktionäre bei der Bank. IPIC (Abu Dhabi) ist mit 500 Millionen Dollar am Industriekonzern MAN Ferrostaal beteiligt, einer Tochter der Münchner Lastwagen- und Maschinenfirma MAN. Der Staat Kuwait besitzt 8 Prozent am Maschinenbauer GEA. Der Staatsfonds IPIC aus Abu Dhabi beteiligt sich mit 9,1 Prozent an dem deutschen Traditionskonzern Daimler. In Österreich hält IPIC 65 Prozent am Kunststoffhersteller Borealis sowie 19 Prozent am Mineralölkonzern OMV. Der Saudi Mohammed Bin Issa Al Jaber kaufte letztes Jahr 60 Prozent des Skiherstellers Kneissl. In Italien hält Mubadala (Abu Dhabi) 5 Prozent an Ferrari…

M 2: Quellentext zu arabischen Kapitalinvestitionen in Europa:
„Am Montag wurde bekannt, dass sich ein Staatsfonds aus Abu Dhabi an Daimler beteiligt – es ist der letzte Coup in einer langen Reihe von Investitionen in Europa"
Kühni, O.: Der Bund (2009)

Anhang

Ausgewählte Literatur

The Arab Human Development Report 2005. New York. UNDP 2006

Banse, E.: Orient – Eine Länderkunde Band I–III. Leipzig: Teuber 1910

Egner, H.: Gesellschaft, Mensch, Umwelt – beobachtet: Ein Beitrag zur Theorie der Geographie. Stuttgart: Steiner 2008

Ehlers, E. et al.: Der islamische Orient – Grundlagen zur Länderkunde eines Kulturraumes. Köln: 2000

Escher, A.: Amar-al Hosn, the mother-village and the newborn overseas village. Eine globale Gemeinschaft mit geteilter Lokalität und segmentärer Diaspora-Identität. In: Monheim, R. (Hrsg.): Transkontinentale Migration im Mittelmeerraum. Bayreuth: Naturwiss. Ges. Bayreuth 2004, 183–208 (Bayreuther Geowissenschaftliche Arbeiten 24)

Escher, A. und S. Petermann: Tausendundein Fremder im Paradies? Ausländer in der Medina von Marrakech. Würzburg: Ergon 2009

Geographische Rundschau: Wüsten, 39 Heft 7–8. 1987

Geographische Rundschau: Staaten der Levante 54, Heft 2. 2002

Geographische Rundschau: Krisenregion Persischer Golf 57, Heft 11. 2005

Gingrich, A.: Ethnizität für die Praxis. In: Wernhart, K. R.; Zips, W. (Hrsg.): Ethnohistorie – Rekonstruktion und Kulturkritik. Eine Einführung. Wien: Promedia, 2001

Le Monde diplomatique: Atlas der Globalisierung. Berlin: taz Verlags- & Vertriebsgesellschaft 2006

Meyer, G. (Hrsg.): Die Arabische Welt im Spiegel der Kulturgeographie. Mainz: Universität Mainz Geograph. Inst. 2004

Müller-Mahn, D.: Wasserkonflikte im Nahen Osten – eine Machtfrage. Geographische Rundschau 58, Heft 2. 2006, 40–48

Nippa, A.: Haus und Familie in arabischen Ländern: Vom Mittelalter bis zur Gegenwart. München: C. H. Beck 1991

Nohlen, D. und F. Nuscheler (Hrsg.): Handbuch der Dritten Welt. Bonn: Dietz 1993

Popp, H.: Oasen – ein altes Thema in neuer Sicht. Geographische Rundschau 49, Heft 2. 1997, 66–73

Scholz, F.: Nomadismus. Theorie und Wandel einer sozio-ökologischen Kulturweise. Stuttgart: Steiner 1995

Schulze, R.: Geschichte der islamischen Welt im 20. Jahrhundert. München: C. H. Beck 2003

Wirth, E. und H. Mensching: (Hrsg.): Fischer Länderkunde Nordafrika und Vorderasien. Frankfurt a. M.: Fischer 1989

Wirth, E.: Die orientalische Stadt im islamischen Vorderasien und Nordafrika. Mainz: Zabern 2000

Register

fett – definierender oder erläuternder Text in Marginalspalte

Quellentextverzeichnis

6 M1 M & C Travelevents GmbH die Reiselounge: Unsere Gruppenreise Oman. Werbetext auf der Website des Unternehmens, 2009

6 M2 Amelie Putzlar: Angriffe auf London. Zeit Online. 07.07.2005

12 M2 Herbert Popp: Die Arabische Welt – was ist das eigentlich? In: Günter Meyer (Hrsg.): Die Arabische Welt im Spiegel der Kulturgeographie. Mainz: Universität Mainz Geograph. Inst. 2004, S. 8–29

23 M4 Tim Flannery: Wir Wettermacher. Wie Menschen das Klima verändern und was das für unser Leben auf der Erde bedeutet. Frankfurt: Fischer 2006

23 M5 Horst Mensching, Eugen Wirth: Nordafrika u.Vorderasien. Fischer Länderkunde. Frankfurt a. M.: Fischer-Taschenbuch 1989

26 M2 Klaus J. Lampe: Bewässerungslandwirtschaft in der Dritten Welt. Gedanken eines Kleinbauern. Geographische Rundschau 34 / 1982, S. 540

33 M2 Hicham Ben Abdallah El Alaoui: Demokratie zum Davonlaufen. Le Monde diplomatique, 11.04.2008

35 M3 Ali Hillal Dessouki: Die Last zu vieler Menschen. Die Zeit 49 / 02.12.1988

36 M2 Ali Hillal Dessouki: Die Last zu vieler Menschen. Die Zeit 49 / 02.12.1988

41 M3 Jörg Andrees Elten: Der Leidenszug zur Allenby-Brücke. Die Zeit 26 / 30.06.1967

44 M2 Human Development Reports (Website der UNDP): The Human Development Concept, Zitat von Mahbub ul Haq, Begründer des Human Development Reports

46 M1 Karsten Huhn, Fritz Vorholz: In der Wüste der Weltwirtschaft. Zeit Online, 06. 05. 2009

49 M2 Christa Friedl: Deutsche Industrie fördert Fachkräfteausbildung in Nahost. Maschinenmarkt – das Industrieportal, 06.05.2009

50 M1 Kristin Rose, Stefan Kissenkötter: Famulatur im Jemen: Reise ins Unbekannte. aerzteblatt-studieren.de, 14.08.2005

53 M2 Michael Bahnerth: Der Wille zum Wahn. Die Zeit, 21.02.2002

54 M4 Katharina Nickoleit: Das Elend der Gastarbeiter von Dubai. Welt Online, 13.08.2007

61 M2 Atlas der Globalisierung. Berlin: Le Monde diplomatique / taz 2007, S. 162

62 M2 Hans-Christian Ströbele: Den Krieg in Afghanistan beenden. afghanistankrieg-beenden.de, 2008

62 M3 Kai Biermann: Lieber mehr Soldaten. Zeit Online, 31.01.2008

64 M1 Hans Wagner: „Die Kurden – Volk ohne Staat“ von Gunther Deschner. Eurasisches Magazin 11 / 2003

71 M3 „Gedankenaustausch vorantreiben“. Interview mit. Fathi Zereini, Vorsitzender der Deutsch-Arabischen Gesellschaft für Umweltstudien E + Z-Zeitschrift für Entwicklung und Zusammenarbeit, 3 / 2006

72 M1 UN-Wirtschafts- und Sozialausschuss: Allgemeiner Rechtskommentar Nr. 15, Das Recht auf Wasser, Deutsche Übersetzung von „Brot für die Welt“, 2002, S. 2

74 M2 Deutschlandfunk – Eine Welt: Wasser als Druckmittel. Sendung vom 05.112005

76 M1 Hans Jürgen von der Burchard: Rückschau: Ein Barrel Öl auf Reisen. DasErste.de, 18.03.2007

78 M1 Thomas Stölzel: Saudi Aramco – Saudi Arabiens wichtigste Geldquelle. wiwo.de – das Portal der Wirtschaftswoche, 04.07.2008

78 M2 Andreas Heimann, A.: Abu Dhabi – Insel des Glücks. manager-magazin.de, 22.02.2007

82 M2 Fritz Vorholz: Der Traum vom schmerzfreien Entzug. Die Zeit 7 / 09.02.2006

84 M1 Patrick Brauns: Marokko: Trecking durch den Atlas. Die Zeit 20 / 10.05.1991

86 M2 Karsten Huhn, Fritz Vorholz: In der Wüste der Weltwirtschaft. Zeit Online, 06. 05. 2009

87 M3 Fred Scholz: Geographische Entwicklungsforschung (2004) Stuttgart: Bornträger 2004, S. 18

89 M3 Deutsches Institut für Entwicklungspolitik: Verbesserung der Entwicklungssituation in den Arabischen Ländern. Projektbeschreibung auf der Homepage des Instituts, 2009

91 M2 Olivia Kühni: Die Kampfshopper auf dem Aktienmarkt. Der Bund, 24.03.2009

Abbildungsverzeichnis

7 M 3 Westermann
8 M 1 Westermann
11 M 2 Birken 2005
12 M 1 Westermann
14 M 1 Westermann
16 M 1 Beaumont et al. 1988
16 M 2 Mensching, Wirth 1989
18 M 1 Westermann
18 M 2 Westermann
18 M 3 Rother 1993
19 M 4 Westermann
20 M 1 Westermann
21 M 3 Westermann
21 M 4 Westermann
21 M 5 Westermann
22 M 1 Brunner 1999
22 M 2 Westermann, Entwurf: Zimmermann 2009
24 M 1 Daten: Food and Agriculture Organization of the UN 2009
24 M 2 Entwurf: Escher, Zimmermann 2009
25 M 4 Entwurf: Escher 2009
26 M 1 Escher, Zimmermann 2009
27 M 4 Escher, Zimmermann 2009
30 M 1 Entwurf: Escher, Zimmermann 2009
31 M 2 Entwurf Escher, Zimmermann 2009
35 M 2 Entwurf: Escher 2009; Daten CIA The World Factbook 2009
36 M 1 Daten:Nationmaster.com
36 M 3 Meyer 2004
37 M 4 nach Ibrahim 1997; ergänzt und weitergeführt durch Escher 2009
39 M 2 Müller-Mahn 2002
40 M 1 Knox, Marston 2007
41 M 2 Daten: UNRWA
45 M 3 Westermann
46 M 2 Daten: Human Development Report 2007 / 2008
47 M 2 Daten: Human Development Report 2007 / 2008
47 M 2 Westermann
49 M 2 Daten: Bundesministerium für wirtschaftliche Zusammenarbeit und Entwicklung
49 M 4 Entwurf: Escher 2009
50 M 2 Daten: Bundesministerium für wirtschaftliche Zusammenarbeit und Entwicklung
50 M 3 WHO
51 M 4 Daten: Bundesministerium für wirtschaftliche Zusammenarbeit
53 M 3 Arab Human Development Report 2005
57 M 4 CIA The World Factbook 2009
58 M 1 Oryval, Hackstein 1993
59 M 2 Atlas der Globalisierung 2003
60 M 1 Escher, Zimmermann 2009 nach Atlas der Globalisierung 2003
61 M 3 Tübinger Atlas des Vorderen Orients 1983
63 M 4 Atlas der Globalisierung 2007
65 M 3 Entwurf: Escher 2009
67 M 2 Entwurf: Escher 2009
70 M 1 nach Müller-Mahn 2006
71 M 2 FAOdanndada
72 M 2 Renger 2002
73 M 3 Atlas der Globalisierung 2003
75 M 3 L' Atlas du Monde diplomatique 2008
75 M 4 Daten BP 2009
76 M 2 Escher, Zimmermann nach BP 2009
77 M 3 Financial Times Deutschland 2006
79 M 3 Daten: BP 2009
82 M 1 Daten: OPEC
82 M 2 Daten: BP 2009
83 M 3 Westermann
85 M 2 Kopp, Barham 2002
86 M 1 Escher, Petermann 2006
89 M 2 Auswärtiges Amt 2009
90 M 1 Escher 2008

Bildnachweis

akg images, Berlin: 10 M 1 (Erich Lessing);
Associated Press, Frankfurt am Main: 38 M 1 (Perales);
Banse, Ewald, Braunschweig: 9 M 2 (als Beilage in: Petermanns Geographische Mitteilungen, Gotha 1912);
corbis, Düsseldorf: 15 (Yves Bertrand), 23 M 3, 29 (Thomas Peters / Reuters), 34 M 1 (Sophie Elbaz / Sygma);
JOKERPHOTO, Bonn: 88 M 1 (Paul Eckenroth);
mauritius images, Mittenwald: 5:1 (Joachim Fichtner), Günter Rossenbach), 31 M 2 (imagebroker / pixal), 48 M 1 (CuboImages), 56 M 1 (Diversion), 78 M 3 (imagebroker / Jochen Tack);
picture alliance / dpa, Frankfurt am Main: 5.3 (Soeren Stache), 25 M 3 (Schmid-Wiking), 32 M 1 (dpa-Fotoreport), 41 M 4 (Rainer Jensen), 43 (epa Khaver), 44 M 1 (epa AbirAbdullah), 52 M 1 (Abaca Balkis), 55 (Bildagentur Huber), 64 M 2 (epa AFP Haidar), 66 M 1 (M. Kheirkhah), 69 (Mehmet Biber), 74 M 1 (Consolidated Nasa), 81 (epa Khaled El-Fiqi / Pool);
Scholz, Fred, Berlin: 27 M 3;
Still Pictures, Berlin: 5.2 (Erez Herrnstadt);
vario images, Bonn: 62 M 1.